摄影技巧基础

日本温迪◎编著　李盛◎译

辽宁科学技术出版社
LIAONING SCIENCE AND TECHNOLOGY PUBLISHING HOUSE

序言

当今的数码相机性能都十分优秀。

无论是卡片机还是单反，只要按下快门，就可以轻松拍出精美清晰的照片。

但是，这些照片是否能满足我们自身对相片的期待呢?

是否能反映出我们拍摄时的心情呢?

使用单反相机进行拍摄的话，

不论是画面的明暗还是聚焦的变化，

都完全可以实现我们心目中对照片的期待。

不仅可以抓取几千分之一秒的短暂瞬间，

也可以将一段时间浓缩到一个画面之中。

更换镜头之后，即使拍摄同样的事物，感觉也会完全不同。

学习相机的使用方法并不是什么难事，

就像学习自行车，一旦学会就能终身掌握。

掌握了拍摄照片的窍门以后，

无论何时都可以拍摄出理想的照片。

本书是介绍如何使用相机以及如何将自己的构思拍摄到画面中的一本教科书。

学会正确使用相机的方法，

摄影必定会变得更加有趣。

目录

第3章 了解基本操作，开始熟悉相机

第4章 拍出时尚照片的相机使用指南

第5章 拓展摄影世界的镜头和配件

●关于本书的一些说明

· 单反相机，本来指的是具有反光结构的照相机。本书指的是可以交换镜头的高性能的数码相机。因此，奥林巴斯公司和松下公司出品的单电相机也应归于此类。
· 焦距中如果出现“35mm换算”或者“相当于○mm”这样的说法，意思指的是要进行35mm尺寸的换算。如果没有做出特别说明，则书中出现的数字就是实际焦距。
· 光圈优先AE和快门优先AE中的“AE”指的是“Automatic Exposure”，自动曝光的意思。举例来说，在光圈优先AE模式下，对光圈进行调节时快门速度会自动发生相应的变化，继而从两方面实现对曝光的调整。在所有的拍摄模式当中，不使用AE的话就只剩下手动曝光了。
· 本书中将奥林巴斯的单电相机统称为“PEN”系列，包括“E-P1”、“E-P2”、“E-P3”。个别情况下，我们会注明完整的型号。
· 本书中提到的松下“G系列”，是“DMC-G1”“DMC-GH1”“DMC-GF1”“DMC-G2”的总称。个别情况下，我们会注明完整的型号。
· 由于镜头的名称往往都比较长，所以在书中做出了适当的省略。尼康的“NIKKOR”“Zoom-Nikkor”奥林巴斯的“ZUIKO DIGITAL”“M.ZUIKO DIGITAL”腾龙的“LD Aspherical”全品牌的“（IF）”。

第1章

使用单反相机可以拍出这样的照片

使用单反相机可以拍摄出很多卡片相机拍摄不了的照片。在本章中，我们将介绍使用单反相机可以拍摄出的照片种类，以及这些照片的拍摄方法。针对其中一些比较难的专业术语，我们加入了索引，方便大家学习。

室内摄影时应选择明亮的窗边进行

拍摄孩子开心的表情

和孩子一起在咖啡馆吃美味的蛋糕时，拍下了孩子可爱的表情。由于当时店里面很空，所以我们选择了一个靠近窗户的位置。为了凸显出画面中自然光的暖色调，我将白平衡设置为“晴天”模式。相机的高度与孩子视线的高度持平，减少画面中的透视变形效果。对焦点放在孩子的眼睛上。

由于室内摄影的光照不足，要注意手抖导致画面模糊的问题。感光度设置为ISO 800，将可以调节画面虚化程度的光圈设置为F2.0，使近处的蛋糕出现虚化效果。为了让孩子的肤色看起来更加健康，我们将曝光补偿设置为+1.3EV，提高了画面的亮度。

拍摄方法

相机的高度与孩子的视线持平

选择了自然光可以照射到的窗边的位置

索引

相机：奥林巴斯E-520
镜头：适马 30mm F1.4 EX DC
焦距：30mm（相当于60mm）
拍摄模式：光圈优先AE模式
曝光补偿：+1.3EV（F2、1/125秒）
感光度：ISO 800
WB（白平衡）：晴天

实例 02

抓住按快门时机

拍摄运动中的孩子

拍摄体育比赛和运动会时，因为无法靠近拍摄目标，所以使用长焦镜头是比较方便的。这次，我们使用长焦镜头在运动场外通过变焦拍摄照片。

为了抓住投手投球的一瞬，我们将相机设置为固定快门速度的“快门优先AE模式”，快门速度设置为高速的1/800秒。依靠这种设置，我们抓拍到了球从投手手中离开的一瞬间。为了提高成功率，我们使用的是连拍模式。曝光补偿设置为+1EV，营造出了一种比较明快的氛围。最初，我们并没有使用这种设置，通过不断拍摄和确认，才找到了合适的快门速度等等。

拍摄方法

将镜头伸到捕手背后的铁网中

使用快门优先AE模式拍摄

在拍摄体育比赛和运动会时，拍摄地点的选择是非常重要的，为了确保我们可以找到合适的位置，一大早就去场地选址了。拍摄时注意不要影响到别人。

索引

相机：佳能EOS 1000D
镜头：EF-S 55-250mm F4-5.6 IS
焦距：250mm（相当于400mm）
拍摄模式：快门优先AE模式
曝光补偿：+1EV（F6.3、1/800秒）
感光度：ISO 400
WB（白平衡）：日光

实例 03

拍摄多张照片并挑选出最好的

拍摄宠物

拍摄宠物照片时，推荐大家找一个同伴。一人负责逗宠物玩耍，一人专心摄影。但是，即使是专业的摄影师，想要一举抓住最佳拍摄瞬间也是很困难的。大家可以多拍摄一些照片，然后从中选择最好的。

这一次，我们为了能够捕捉到最自然的宠物表情，请来一位朋友站在与相机镜头不同的方向对猫咪进行诱导。画面中的猫咪虎视眈眈地窥伺着自己的猎物，表情自然生动。拍摄模式选择的是“程序AE模式”。

光照使用的是透过窗帘照射的自然光，画面效果自然。为了防止手抖，我们将感光度设置为ISO 400，将两肘架在地板上，保证相机的稳定。这种架设相机的方式，可以保证我们的相机高度与猫咪的视线高度持平。

拍摄方法

辅助拍摄的伙伴可以控制猫咪的视线

将两肘架在地板上拍摄，不仅可以防止相机抖动，还可以保证相机的高度与猫咪的视线高度持平。

选择自然光可以照射到的地方进行拍摄

索引

相机：佳能EOS 550D
镜头：EF-S 18-55mm F3.5-5.6 IS
焦距：53mm（相当于85mm）
拍摄模式：程序AE模式（F7.1、1/125秒）
感光度：ISO 400
WB（白平衡）：自动
格式：RAW

实例 04

通过三分构图法重点表现天空中的渐变效果

使用剪影效果表现夕阳的景色

外出抓拍时最好在相机上装载好“高倍变焦镜头”。当太阳快要落山时，天空渐渐被染成了暗红色，拍摄此时夕阳西下的照片。

为了很好地表现出天空中颜色的渐变和水面上反射的倒影。我们将曝光补偿设置为-1EV。通过逆光和减曝光补偿，人和建筑在画面中只能看到轮廓，更加突出了日落时分的气氛。

为了突出天空颜色的渐变，我们将水平线的位置安排在三分构图法的分割线上，天空与水面的面积比为2：1。我们等到骑着自行车的行人来到水面反光最亮处时抓拍这一瞬间。

拍摄方法

天空在画面中占很大的面积

等待骑着自行车的人来到水面反光最强烈的位置，按下快门。

索引

相机：尼康 D90

镜头：AF-S DX 18-200mm F3.5-5.6G ED VR

焦距：70mm（相当于105mm）

拍摄模式：光圈优先AE模式

曝光补偿：-1EV（F8、1/4000秒）

感光度：ISO 200

WB（白平衡）：自动

实例 05

通过逆光让花瓣看起来更柔美

在家中拍摄鲜花

精心培育的小花开始绽放，按耐不住激动的心情拍了一张照片留作纪念。镜头使用的是可以进行近距离拍摄的“微距镜头”。对焦点放在花蕾的中心，为了制造出背景虚化的效果，光圈要开得大一些，这样拍摄的效果使得鲜花看起来非常柔美。采用仰拍的角度，光透过花瓣照射下来，更加突出了鲜花柔嫩的感觉。虽然使用的是微距镜头，但实际的拍摄距离达到了30cm。

由于拍摄的时间是在上午，而位置又是在光照充足的窗边，所以我们选择了手持相机拍摄。光透过磨砂玻璃照射进来，会略带有蓝色。将白平衡设置为“日光”模式，增加画面的暖色调。由于处于逆光环境，使用曝光补偿提高画面的亮度。

拍摄方法

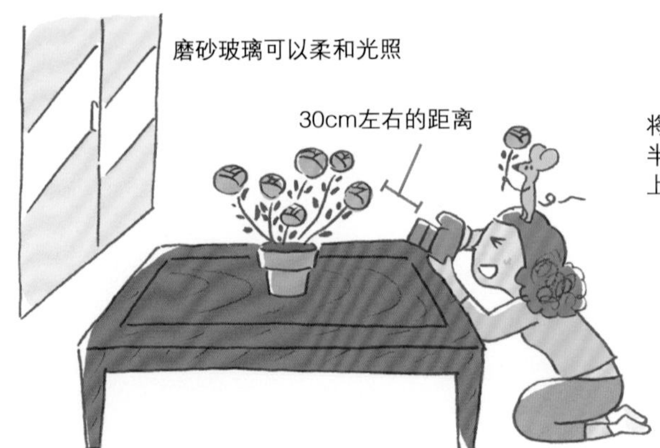

将花瓣安排在画面的上半部分，表现了植物向上生长的生机。

逆光拍摄，光会透过花瓣照射过来

索引

相机：佳能EOS 550D
镜头：EF-S 60mm F2.8 Macro USM
焦距：60mm（相当于96mm）
拍摄模式：光圈优先AE模式
曝光补偿：+1.7EV（F2.8、1/160秒）
感光度：ISO 400
WB（白平衡）：日光

实例 06

通过增加曝光补偿美化鲜花的颜色

拍摄散步途中发现的野花

花坛中盛开着五颜六色的郁金香和三色堇。为了表现出纵深感，站在花坛的边上进行拍摄。通过纵向构图提高画面的纵深效果，画面深处的鲜花虚化处理。

从正面进行拍摄，单膝跪地蹲在花坛的侧面，保持相机的高度与郁金香的高度持平，使用定焦镜头，放大光圈，寻找一个可以让背景产生虚化效果的位置。

使用“自动”模式拍摄鲜花，花瓣的颜色往往会变暗。为了增加花瓣颜色的亮度，我们使用+1EV的曝光补偿进行调整。镜头应选择大光圈的定焦镜头。而模式应设置为可以控制虚化效果的“光圈优先AE模式”，光圈设置为F2.8。

拍摄方法

使用定焦镜头

由于使用的是定焦镜头，想要调整鲜花在画面中的大小，只有移动自己的位置。

配合鲜花的高度进行摄影

索引

相机：奥林巴斯E-420
镜头：25mm F2.8
焦距：25mm（相当于50mm）
拍摄模式：光圈优先AE模式
曝光补偿：+1EV（F4、1/200秒）
感光度：ISO 100
WB（白平衡）：自动

拍摄特写时要注意手抖的问题

拍摄完美的鲜花特写

朋友送我的手捧花。为了能够表现大丁草的细节，尽量将花朵拍大一些。镜头使用的是能够进行近距离拍摄的“微距镜头”。在拍摄这种特写照片时，往往会出现手抖的问题，最好使用三脚架。

使用强光的话，鲜花看起来会很不自然，像人造花一样给人比较生硬的感觉。为了表现鲜花的柔美，我们将窗户的遮光纱帘拉上，并且选择在距离窗边1m左右阳光无法直射的位置摆放桌子和花瓶，进行拍摄。在鲜花的前方，安排反光板进行反射，对光照进行补偿。

拍摄特写照片时，由于虚化效果非常明显，所以不需要过分放大光圈。我们使用F5.6的光圈，保证花蕊部分能够全部实现准确对焦。

拍摄方法

即使拉上纱帘光照依然过强，选择一个没有直射光的位置进行拍摄。

使用三脚架固定相机

索引

相机：佳能EOS 550D
镜头：EF-S 60mm F2.8 USM
焦距：60mm（相当于96mm）
拍摄模式：光圈优先AE模式（F5.6、1/6秒）
感光度：ISO 100
WB（白平衡）：自动

将白平衡设置为“日光”以增加画面的暖色调

将面包拍摄得更加自然

在拍摄料理时，应该尽量选择其冷却之前的时间。但是像面包、点心这样的食品，即使放置一段时间，其外观也不会发生什么变化。所以初级阶段，大家可以拿面包来练习食物摄影的技巧。

为了表现出自然的感觉，我们在桌子上铺设一层有木纹的木板作为摄影的背景。为了能够看清楚木板以及砧板的表面，选择从正上方俯视的角度进行拍摄。光圈设置为F6.3，保证画面中所有位置实现准确对焦。

光源位于右侧前方，使用纱帘对其进行扩散，在法棍面包的左侧安排反光板，减轻拍摄主体的阴影。为了表现出面包芳香的口感，我们使用–0.3EV的曝光补偿增加面包的颜色，将白平衡设置为“日光”，活用室内略带黄色的照明，为照片增加一丝暖意。

拍摄方法

为了清楚地表现出木板上的纹理，从正上方俯视拍摄。三脚架横跨桌子的一角，保证了更近的拍摄距离。

索引

相机：佳能EOS 550D
镜头：EF50mm F1.4 USM
焦距：50mm（相当于80mm）
拍摄模式：光圈优先AE模式
曝光补偿：–0.3EV（F6.3、1/30秒）
感光度：ISO 400
WB（白平衡）：日光

近距离虚化是食物摄影的基础

将热腾腾的菜肴拍摄得更加诱人

今天我们拍摄的主角是一桌饭菜，番茄炖鸡丁、浓汤、双色番茄沙拉。热腾腾的饭菜一旦变凉，看起来就不再美味了。在正式拍摄之前，可以找来几个空盘子进行演练，调整好相机的设置和反光板的位置，在料理盛上来以后马上进行拍摄。

这一次，我们想要通过移动位置来调整构图，所以选择手持相机拍摄。因此，需要将感光度提高到ISO 800，稳稳地握住相机，防止抖动发生。

由于光照环境是逆光，直接拍摄可能会使拍摄主体显得很暗，使用曝光补偿提高亮度，在左手前方安排一块反光板进行补光，同时减轻阴影的程度。使用纵向构图，增加画面的纵深，画面虚化的位置截止到盘子的边缘。

拍摄方法

正式拍摄之前摆好各个器皿，以便调整好相机的设置和构图，迅速完成拍摄工作。

索引

相机：佳能EOS 550D
镜头：EF-S 60mm F2.8 Macro USM
焦距：60mm（相当于96mm）
拍摄模式：光圈优先AE模式
曝光补偿：+0.7EV（F2.8、1/500秒）
感光度：ISO 400
WB（白平衡）：日光

画面中出现建筑物时要特别注意画面倾斜的问题

将旅途中的回忆拍摄成明信片

带着相机去户外散步，走到纪念馆门前时觉得这个建筑真的是太美了。想要拍一张明信片式的照片留作纪念，在马路对面架设好相机进行拍摄。在比较远的位置拍摄，可以避免因透视效果产生画面扭曲。镜头略偏向广角一端，在拍摄建筑物时，如果画面出现倾斜会非常显眼。为了保证画面的水平，应使用三脚架进行辅助。

为了突显出画面的稳定感，将高塔安排在三分构图法中的分割线上。塔身上阳光面与阴影面的面积比为2：1，并且以塔尖作为顶点使整个建筑在画面中呈三角形分布，构图会显得更加稳定。画面中基本没有表现道路，稳定的构图配合合理的布局，画面看起来和明信片一样。

拍摄方法

高塔位于三分构图法中分割线的位置

注意画面的水平与垂直

隔着一条马路进行拍摄，可以减少因透视效果导致画面出现扭曲的问题。

索引

相机：索尼α200
镜头：DT 18-55mm F3.5-5.6 SAM
焦距：26mm（相当于39mm）
拍摄模式：光圈优先AE模式（F5.6、1/400秒）
感光度：ISO 100
WB（白平衡）：自动

记忆卡的种类

现在市面上的入门级数码单反相机大多采用小型“SD记忆卡”作为存储媒介。普通的卡片相机基本上也采用的是类似的产品。大家应该都不陌生。

但是，SD记忆卡有三个种类，一种是SD卡，一种是SDHC卡，最后是最新型的SDXC卡。一般情况下，存储空间在2GB以下的为SD卡；2GB以上的归为SDHC卡；而SDXC卡的特点是拥有超过32GB以上的超大容量。现在市面上新上市的数码相机有很多已经开始使用SDXC卡了 。但是一般配备SDHC卡足矣。

在SD、SDHC卡上往往会标注有该记忆卡的“class”，这个数值越大表示读取和写入的速度就越快。使用入门级的相机拍照时，记忆卡的传输速度基本上不会成为问题。但是，在拍摄高清录影时，就有可能需要较高的传输速度了。对应这种情况，最好选用class6以上的型号。

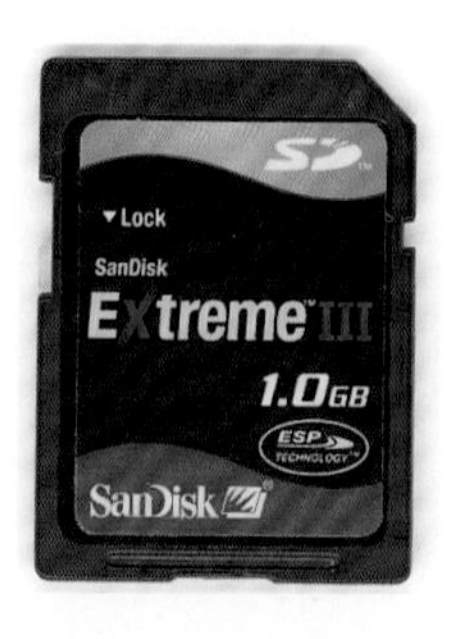

标准的SD记忆卡。最大容量一般为2GB。

带有SDHC标志的SDHC记忆卡。圆圈中的10代表该卡属于class 10的高速传输记忆卡。

拥有32GB以上超大容量的SDXC记忆卡。不过现在使用的较少。

第2章

如何选择自己的第一台单反相机

第一次购买数码单反相机时，大家一定会存在很多疑惑。在本章内容中，我们将介绍有关数码单反相机的挑选和基本维护等知识。如果大家想要马上开始摄影学习，可以跳过本章，在遇到问题时再来参考也可以。

单反与卡片机究竟有何不同

现在市面上最新型的卡片相机一样可以拍摄出非常美丽的照片，但是在摄影能力以及照片表现力上依然与数码单反相差甚远。

想要拍摄出漂亮的照片还是要靠单反相机

想要拍摄出漂亮的照片，我们还是首推您选择单反相机。现在市面上流行的卡片相机，在光照充足的环境下一样可以拍摄出非常美丽的照片，但是在拍摄运动中的物体或者在比较黑暗的环境中摄影时，无论是相机的拍摄能力还是表现摄影师意图的水平都与单反相机有一定的距离。

数码单反相机的优势，大体上分为三点：

1.可以更换镜头。

2.对于环境比较黑暗、主体处于运动状态等比较严苛的拍摄情况下的拍摄能力强。

3.可以使用“虚化”等重要的摄影技巧。

支撑起单反相机强大拍摄能力的关键在于“成像元件”。所谓成像元件指的就是相当于胶片相机中胶片的部分。因为成像元件的面积较大，单反相机的表现力才能如此丰富。

卡片相机的优势是非常轻巧，便于携带。而单反相机的优势在于面对拍摄主体处于运动状态、拍摄环境较暗、抓拍瞬间等较为严苛的拍摄环境时，依然可以拍摄出非常美丽的画面。

单反相机可以结合自己想要拍摄的场景与目的更换不同的镜头，这也是单反相机的一大卖点，具体内容我们会在第5章中做出介绍。

卡片相机（佳能 IXY 10S）

单反相机（佳能EOS 550D）

卡片相机非常轻便，可以带到任何地方进行摄影。而单反相机的外观看起来则比较笨重，以拍摄性能为最优先。单反相机的握柄一般都比较大，这样设计的目的一是为了保证人们能够牢牢的抓住相机，二是为了安排好为数众多的操作按钮的位置，方便大家进行各种设置。

卡片相机的成像元件（1/2.3型）

单反相机的成像元件（APS–C）

成像元件的尺寸越大，照片的画质也就越好。成像元件的面积决定了它的集光能力，对摄影是有很大影响的。单反相机之所以能够有那么强的摄影表现力，很大程度上得益于面积较大的成像元件。（照片中基本上是成像元件的原大尺寸）

卡片机的像素

单反相机的像素

与成像元件尺寸大小同样重要的是相机本身每个像素点的大小。像素点越大，集光能力越强，在拍摄较暗的环境时则不容易出现噪点。也就是说，相同尺寸的成像元件，像素点越少（所谓的 x 万像素的数值）越有利。图示为示意图。

在一些特殊条件下单反相机能发挥出其强大的拍摄能力

想要抓拍在运动中的小动物或者孩童一瞬间的画面时，推荐大家使用单反相机进行拍摄。与卡片相机相比，单反相机对焦（自动对焦）更快、更准确，能够拍摄的更加清晰。

另外，在拍摄主体是料理或者鲜花时，往往需要制造背景虚化的效果，这种艺术感十足的照片往往也只有单反相机才能胜任。背景虚化的效果是依靠镜头当中可以开合的光圈表现出来的（P114）。但是，卡片相机由于成像元件的面积比较小，即使光圈全部打开也不能产生很好的效果。

想要配合自己的构思拍摄上述这些独特的照片时，单反相机的优势就愈发明显了。

使用数码单反相机抓拍的瞬间画面

使用长焦镜头（P148）拍摄的一张照片。相机设置为快门优先AE模式（P118），快门速度为1/800秒，照片很好的传达出站在击球区里面孩子的紧张感。

使用卡片相机拍摄无法实现背景虚化效果

使用单反相机突出拍摄主体

上图为卡片相机拍摄的照片，下图为数码单反相机拍摄的照片。相机设置同样为光圈优先AE模式（P114），光圈均为F5.6，但是使用单反相机拍摄时出现了明显的虚化效果，左边的小羊看起来非常醒目。像这种活用虚化效果的拍摄方式，是单反相机所擅长的领域。

如何选择单反相机

现在市场上存在多种不同型号的单反相机，究竟应该选择哪一款，是个令人头疼的问题。下面我们就来介绍一下如何挑选出适合自己的单反相机。

性能方面能够满足需求即可，重视实际使用时的感受

现在市面上的单反相机性能都十分优秀，因此无论选择哪种型号，都不存在选择失误的问题。

选择单反相机实质上是选择不同的相机品牌。之所以这样讲，是因为不同品牌相机所对应的镜头并不相同，而除了镜头以外，闪光灯等配件也是对应相机品牌生产的。即便是更新升级自己手中的相机，只要品牌与之前的相机相同，之前购买的镜头就依然可以使用。

如果信奉“大家都在用的应该就是好的”这样的信条，那么佳能和尼康可能是最佳的选择。但是，其他品牌也都具有自己的个性，在一些新锐机能上存在领先优势的相机也不在少数。

挑选单反相机最重要的一点在于要进行实际操作体验。用适合自己的相机拍照才是最快乐的。

不同品牌对应的镜头指标是不同的

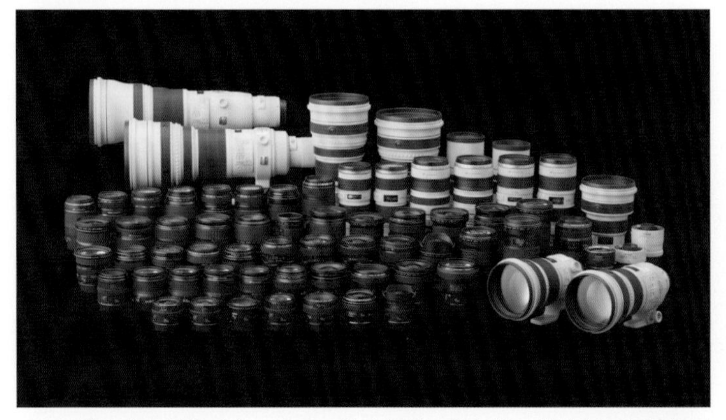

不同品牌所使用的镜头卡口是不同的（奥林巴斯与松下的单电相机是相同的），而相机卡口直接决定了相机可以使用的镜头。图为佳能公司生产的所有镜头。

佳能EOS 550D

佳能出品的入门级单反相机，属于一款能够代表绝大多数单反相机标准配置的机器。与之前一代的EOS 550D一起流通。佳能使用的镜头卡口为“EF卡口”。

尼康D5000

尼康出品的入门级单反相机。价格更低廉的还有D3000，但是D5000的实时取景功能以及旋转液晶屏是其亮点。尼康的镜头卡口历史非常悠久，称为“F卡口”

索尼α330

带有实时取景功能的索尼单反相机中价格最低的一款。强项在于面向初学者准备的帮助系统以及照片显示功能。索尼使用的镜头是从柯尼卡公司继承过来的“α卡口”

宾得K-x

宾得出品的入门级单反。有100种机身颜色可供选择，同时支持使用干电池供电，这是该款相机的两大特点。宾得使用的是传统的“K卡口”，支持很多老款型号的镜头。

奥林巴斯PEN Lite E-PL1

人气颇高的“PEN”系列最新型相机。由于采用的是全新的规格，机身非常轻便。之前的型号分别为“E-P1”、“E-P2”。

松下 LUMIX DMC-G2

松下出品的最新型单电相机。体积更轻巧的还有“DMC-GF1”。镜头卡口与奥林巴斯的PEN系列相同，具有互换性。

什么是单电相机

关于单电相机，我们再来进行一些补充说明。所谓“FourThirds”，指的是镜头卡口的规格。而奥林巴斯与松下公司联合推出了一种新的镜头卡口，其特点在于体积轻巧，属于目前日本国内唯一不具有反光镜结构的单反相机。正因为相机没有反光镜结构，所以体积更加小巧。优秀的便携性也为该款相机带来了非凡的人气。

但是，由于没有反光镜，导致该相机无法使用光学取景器。使用该相机摄影时，主要是通过液晶屏进行实时取景的方式。想要按照传统的方式拍照的话，需要另外购买电子取景器（一部分型号除外）。

奥林巴斯与松下公司出品的一些高端相机采用的仍然是传统的“FourThirds”规格，支持光学取景器。而单电相机通过购买转接口，一样可以使用标准的镜头。

普通的单反相机

单电相机

反光镜

成像元件

普通的单反相机一般都具有反光镜结构，这种结构可以将进入相机内部的光反射到取景器上进行取景。单电相机省去了反光镜结构，大幅度减轻了相机机身的体积。摄影时，基本上是以液晶屏进行实时取景，液晶屏取景的原理是通过液晶屏观看打在成像元件上的影像。

标准镜头转接口

单电相机通过安装镜头转接口，可以使用标准单反镜头。但是单反相机不能使用单电相机的镜头。图为安装了标准镜头的单电相机。

一些老型号相机也是值得推荐的

单反相机更新换代是非常快的，每一两年就会推出一种新的型号。如果是10年前，基本上每推出一款新型号，在相机性能上都会有很大的提升。而现如今，推出新型号，则是以添加功能和增加像素为主，多数都是一些微调。因此，选择一些以前型号的相机也是非常明智的选择。

比如，佳能的EOS 450D就是非常经典的一款相机，即便是现在一样可以在第一线使用。虽然现在市面上这款相机已下架，但购买一部品相较好的二手相机也是非常不错的。

而尼康的D90价格一直在下调，作为一款定位于中端的机器，在经过漫长的时间考验之后，现在价格基本在5200元左右。这样的价格比尼康的入门级单反也贵不了多少，是性价比非常高的一款相机。

佳能EOS 450D

虽然实时取景功能尚有不足，但是其他部分的功能基本与新型号的相机无异。

尼康D90

原本是一款中端机，但是现在价格已经大幅缩水。其高性能有口皆碑，可以满足职业级的要求。

购买单反相机时的注意事项

如果相中了自己心仪的相机，下面就是购买的问题了。这里我们就介绍一下有关相机购买的知识。

初次购买时可以选择套装镜头

相同型号的单反相机，在发售时往往分为单机和套装两种。初次购买单反相机时最好购买套装。一方面是因为没有镜头就无法使用单反相机进行摄影，另一方面则是因为与单独购买相机镜头相比，套装的价格更有优势。

那么，购买套装时应该选择一台相机加一个标准镜头的标准套装还是一台相机加一个标准镜头和一个长焦镜头的双镜头套装呢？通常情况下，选择标准套装即可。在必要的时候可以再去入手其他的镜头。但是，如果购买单反相机就是为了去拍摄孩子的运动会等有明确摄影需求的话，还是直接购买双镜头更划算。

关于镜头的种类，我们会在第5章中做更详细的介绍。

购买相机之前，最好去商店实际体验一下。有什么不懂的问题可以向售货员进行咨询。他们一定会进行详细的解释。

除此之外，在第一次购买相机时还应该购买用于储存照片的“记忆卡”（SD记忆卡等），与相机电池和充电器不同，记忆卡是必须单独购买的。在一些实行积分制的商店里，用购买相机换得的积分应该就可以购买记忆卡了。

购买之前可以到店铺去实际体验一下

应该到什么地方去购买相机呢。网购的价格可能是最有吸引力的，但是，作为初次购买相机的人来说，最好还是去实体商店购买。原因在于，在实体店我们可以实际感受一下相机的实际使用效果，而使用感受又是至关重要的。并且，相机商店中一般都会摆放有镜头、三脚架等其他摄影器材，光是去转一圈就能增加不少对相机的认识。当然，也可以选择去实体店进行考察，最后再去网上购买自己指定的产品。

相机商店

在相机商店中不光会展出相机，一般还会摆放相关的摄影器材。光是去转一圈，就能学习到不少知识。

网店

如果追求低廉的价格,可以去一些价格比较低的网站进行查询。如果是初次购买单反相机，不推荐大家选择网购。而如果是一些正规的大型商铺，网店和实体店的服务应该是一样的。

做好摄影的准备

购买相机之后大家一定想马上开始摄影，但在这之前还有一些准备工作需要完成。下面，我们来介绍有关相机充电、安装挂绳和记忆卡等内容。

首先要为电池充电

刚刚购买来的单反相机，电池基本上是空的。在使用之前，应先使用充电器为相机电池充电。充电器上面的指示灯可以告诉我们电池充电的状态。而不同的充电器在表示方法上也有区别，一般红色代表正在充电，绿色代表充电完成。也有用指示灯闪烁代表充电中，指示灯常明则代表充电完成。还有的是亮灯代表充电中，而指示灯熄灭代表充电完成。

电池剩余的电量会在相机的液晶屏上显示出来。现在的单反相机其续航能力基本上最少也可以支持拍摄几百张照片，使用一整天基本上不需要充电。而外出旅行时，最好多准备几块备用电池。原厂电池的价格基本上在几百元左右。

充电中

充电完成

图示为佳能EOS 550D的电池在充电时的状态。开始充电时充电器指示灯显示为红色，而充电完成时充电器指示灯则变为绿色。充电时间大概在2小时左右。不同品牌的充电器在指示灯的表示方式上存在差异。

剩余电量

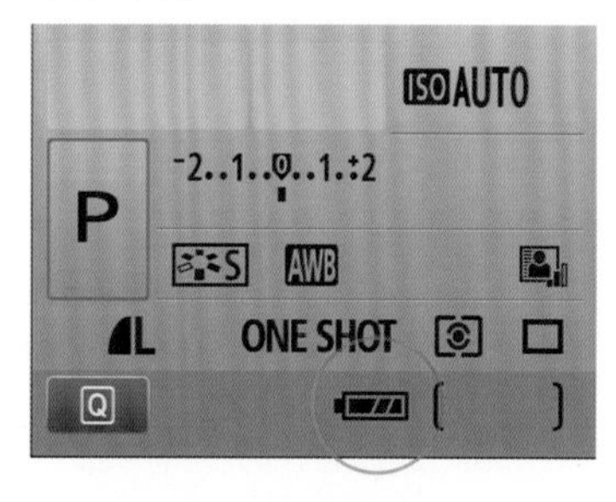

数码相机可以显示剩余电量。大家最好养成在摄影前确认电池剩余电量的习惯。

为相机配带挂绳

接下来让我们为相机安装挂绳。相机属于精密机器，如果不小心摔落到地上，后果会很严重。如果嫌相机自带的挂绳过短或者想要购买外观更加时尚的挂绳，可以去相机专卖店看看。

相机的说明书上一般都写有挂绳的安装方法，但是单纯按照上面的指示安装挂绳的话，绳子最尖端的部分往往会暴露在外。我们这里介绍的方法在操作上会麻烦一点，但是可以很好的解决这个问题。

安装相机挂绳

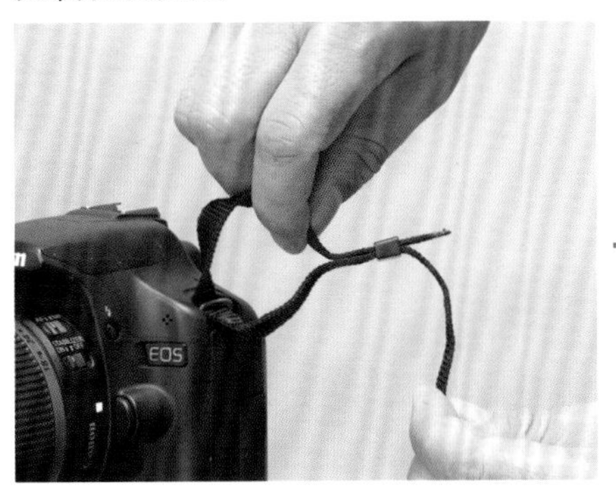

将挂绳从外侧穿过相机机身上的金属扣，缠绕之后再插入相机挂绳四方形的塑料箍，注意不要将挂绳的正反面弄颠倒。

之后再将挂绳穿进日字形塑料箍上方的孔径。

从日字形塑料箍下方的孔径中将挂绳抽出。

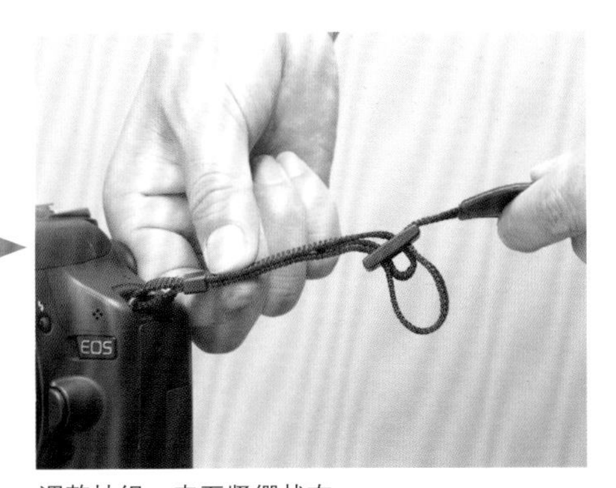

调整挂绳，直至紧绷状态。

保证相机内置时间准确无误

为相机电池充好电之后，将电池装进相机，然后调整相机内置的时钟。有很多相机在初次接通电源时，默认的第一个显示画面就是调整时钟的界面。如果没有自动显示，在设置菜单中也一定会有时间设置这一项，自己找出来进行设置即可。

在进行文件管理时，图片是按照拍摄时间排列的，而相片上记录的时间也是以相机内置的时钟为准的。如果内置的时钟不准，那么照片排列的顺序可能就会出现错误。调准相机内置的时钟是非常重要的。

调整内置时钟

下面介绍的操作是对相机内置时钟进行重新调整时的顺序。首先，在设置菜单中选择“日期/时间”选项。

将日期和时间调整为正确的数值。

调整完毕之后选择确定。

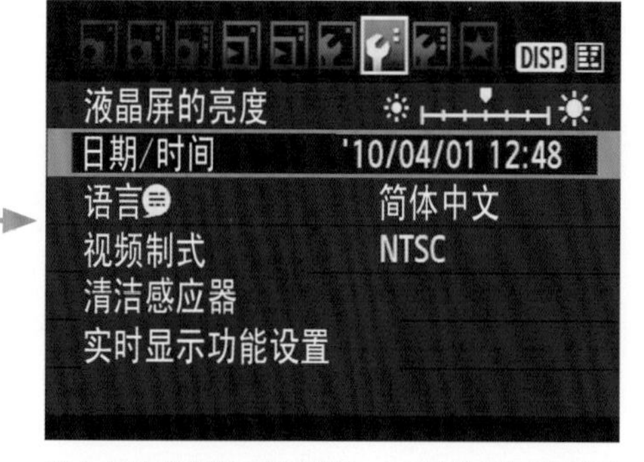

进入原来的界面进行确认。不同的相机在设置方法上可能存在差别。

对记忆卡进行格式化

入门级的单反相机基本上都是使用“SD记忆卡”作为存储媒介。其中大容量的型号被称为“SDHC记忆卡”，虽然名称略有不同，但是作为存储媒介，两者并没有什么本质区别。关于SD记忆卡的种类问题，请参考P30的内容。

SD记忆卡应插在插槽中，方向错误的话是插不进去的。取出时，轻轻按下卡的边缘，记忆卡会弹出来，抓住其边缘将卡片抽出即可。

插好记忆卡之后，要对其进行格式化。这项操作同样会被包含在设置界面中。

SD记忆卡

容量超过2GB的SD卡上面会有SDHC的标记，也属于SD卡的一种。

将记忆卡插入相机

打开相机机身上的挡板，将SD卡插进插槽。拔出时，轻轻按下卡片的边缘。

格式化

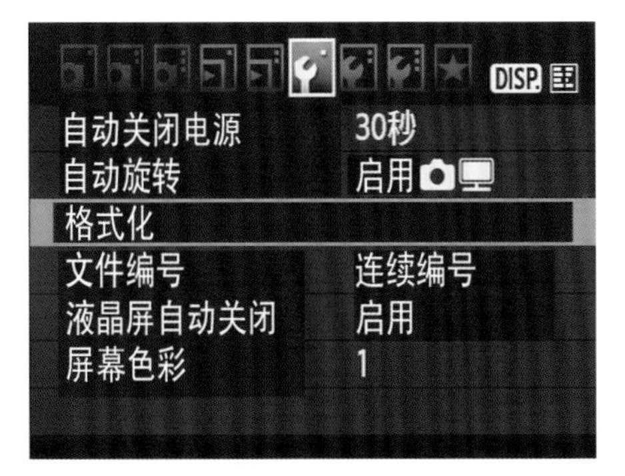

从菜单中选择“格式化”选项对相机进行格式化。一旦格式化，记忆卡中储存的照片将全部消失，在进行格式化之前，应该将里面的照片全部备份到电脑中。

安装镜头

单反相机在没有安装镜头时是不能拍摄照片的。安装镜头时，应尽量避免灰尘进入相机内部。

注意不要让杂质和灰尘进入相机内部

安装镜头时，首先将镜头和机身上的盖子打开，对应好镜头与机身上的指示位置之后进行旋转，听到“咔”的声音之后停止即可。卸下镜头时，应按住镜头侧面的按钮解除锁定，然后按照相反的方向旋转镜头，将其取下。

由于相机内部有很多精密纤细的零件，在安装和拆卸镜头时要注意避免灰尘进入相机。风大的日子，不要在户外更换镜头，应选择室内或者车内来进行更换。

另外，如果使用普通的包携带相机外出，应将镜头取下，盖好镜头和机身的盖子。相机镜头安装在机身上时，如果遇到大力的碰撞，很可能会导致镜头卡口出现扭曲。

保持相机清洁

灰尘是照片画质的一大敌人。时常使用气吹进行清理，保持相机清洁。

不要触碰相机内部

相机机身中包含有很多精密纤细的零件。特别是单电相机，因为没有反光镜结构，成像元件直接暴露在外，需要精心维护。

安装镜头

取下相机机身上的盖子

取下镜头后方的盖子。

对应好镜头和机身上的标记，将镜头嵌入相机。

旋转镜头并锁定。取下镜头时，按下镜头侧面的按钮，按照相反的方向旋转镜头。

在摄影之前要取下镜头盖。

打开相机电源进行拍摄

接下来，我们打开相机的电源开始摄影。这部分内容没有什么难度，我们主要介绍电源、初期设置和恢复设置等内容。

电源按钮一般在快门附近

数码单反相机的电源按钮一般在快门按钮附近。这样安排的目的是为了让大家在遇到好的拍摄时机时能够迅速开始摄影。电源开关在快门按钮附近，可以让我们在观看取景器的同时打开相机电源。

打开电源之后，如果一分钟之内没有操作，为了节约电能，相机会自动进入休眠模式。休眠模式并不等于切断电源，半按下快门即可恢复。

佳能EOS 550D

佳能EOS 550D的电源旋钮在模式转盘的旁边。

尼康D5000

尼康D5000的电源旋钮在快门按钮的旁边。

索尼α330

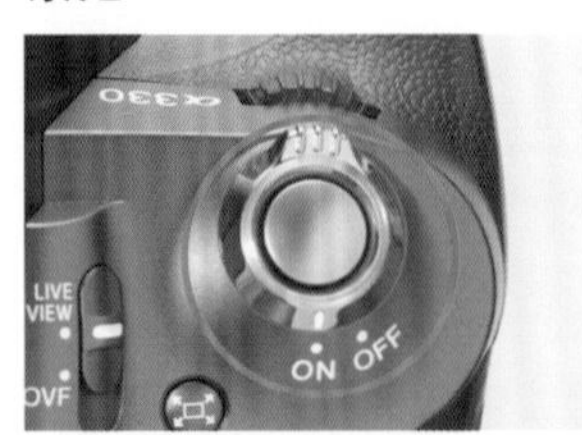

索尼α330的电源旋钮同样在快门按钮的旁边。

宾得K-x

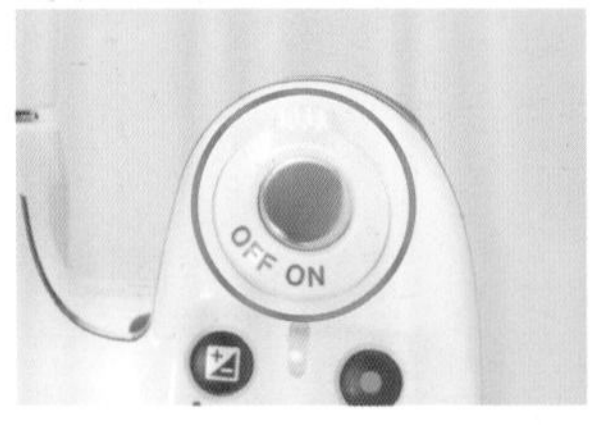

宾得K-x的电源旋钮在快门按钮的旁边。

奥林巴斯E-PL1

奥林巴斯E-PL1的电源开关是单独的按钮。

松下DMC-G2

松下DMC-G2的电源开关在模式转盘的旁边。

将摄影模式设置为自动

在相机的顶部往往会有一个大的模式转盘。通过拨盘位置的切换，相机可以变换成不同的拍摄模式。详细内容我们会在P58中进行介绍，在初期使用时设置为自动模式即可。在自动模式下，相机会自动完成所有设置，选择最适合的状态拍摄照片。在模式转盘上，一般“AUTO”或者绿色的长方形代表自动模式。松下DMC-G2在按下“iA”按钮之后会进入自动模式。

模式转盘（摄影模式转盘）

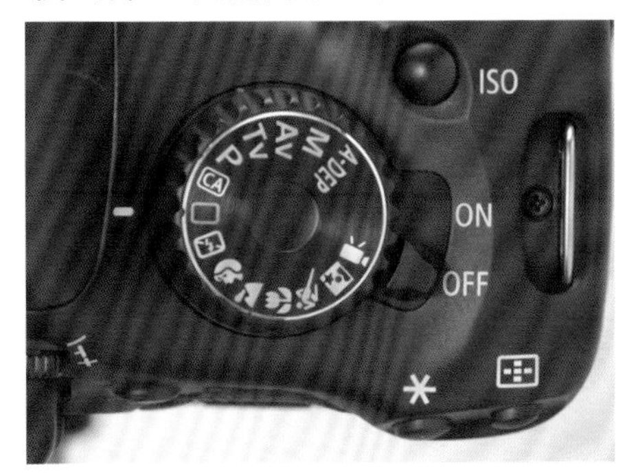

如果对相机还不甚了解，可以先将相机设置为自动模式（不同品牌的相机使用的标志不同），这种模式可以降低拍摄失败的概率。

如果有什么不懂的地方可以进行重置

在刚开始接触相机时，经过一系列的设置之后，可能自己也不记得究竟更改了哪些选项。出现这种情况时，可以将相机重置，恢复成出厂设置。不同的相机具体操作不同，但是基本上都可以通过设置菜单完成此项设置。而且，相机恢复出厂设置之后，相机的时钟不会归零。

①

佳能EOS 550D的界面。在设置菜单中选择“清除设置”选项，按下“SET”按钮。

②

清除设置中包含相机设置和用户设置两部分，分别进行重置。

③

相机会弹出确认界面，选择确定即可。

使用单反相机进行拍摄时的姿势

应该选择一个比较稳当的方式架设相机。相机的架设方法多种多样，要根据不同的摄影需求进行适当的选择。只要画面没有发生抖动，有时就能提高照片的水准。

收紧两肋，将身体颤抖的部分控制为最短

想要相机稳定，最基本姿势是要收紧两肋。而右臂应保持放松，过于僵硬的话不利于进行按快门的操作。

另外，缩短会出现抖动部位的长度也是一种有效的方式。例如，单膝跪地时下半身基本上不会发生抖动，可以让我们将所有的注意力全部集中到上半身。直立时，双脚微微叉开，这样也能提高稳定程度。

使用液晶屏进行实时取景时，我们的胳膊是伸开的，很容易导致抖动。因此，如果可以使用取景器的相机，除了特殊角度进行摄影之外，尽量不要使用液晶屏进行实时取景比较好。

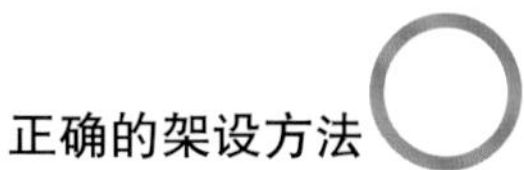

正确的架设方法

两肋收紧，相机保持稳定。左手从下方支撑住相机，右手在起到辅助作用的同时完成按快门的操作。

错误的架设方法

两肋没有收紧，相机不够稳定。这样拍出来的照片往往会出现模糊。

非常好的架设方法

单膝跪地时下半身可以保持不动，提高相机的稳定性。

利用墙壁或者树木的架设方法

倚靠在墙壁或者树木上也能起到抑制抖动的作用。

拍摄桌上照片时的架设方法

在拍摄桌上照片时，我们为了靠近拍摄主体，可以将两肘架到桌面上。

实时取景时的架设方法

使用液晶屏进行实时取景时，我们的脸与相机会有一定的距离，这样比较容易出现抖动。需要收紧两肋。

高角度摄影

在拥挤的人潮中想要进行摄影时往往要使用高角度摄影。这时，双臂需要伸展开，非常不稳定。可以多拍摄几张照片从中选出最好的。

低角度摄影

进行低角度摄影时，可以用膝盖支撑自己的手臂，减轻抖动。

拍摄结束后对照片进行确认

完成摄影之后，应当场对照片进行回放确认。如果拍摄失败或与自己的构想有些不同时应进行重新拍摄。这是提高摄影技术的一个诀窍。

按照拍摄→确认→考察→再次摄影的过程提升自己的技巧

每拍摄一张照片，液晶屏幕上都会进行及时显示。通过液晶屏可以对照片的细节进行确认。但是，由于相机实时显示的时间很短（可以通过设置延长），可以按下照片回放键进行再次显示，进行细致的观察。

首先需要确认照片整体的平衡性构图，看是否和自己的预想吻合。然后是曝光，照片的亮度是否合适，重点部位有没有出现颜色失真。接下来要对照片进行放大，看看对焦位置是否准确，有没有出现跑焦的问题。如果这些细节不能令自己满意，应重新拍摄照片。这样的过程就是提高摄影技巧的过程。

照片回放键

不同型号相机的回放键位置不同，但是按键的标志基本上都是一个向右的三角型。

回放画面

拍摄结束后，液晶屏幕上会实时显示出照片的效果。消失之后，可以按下照片回放键重新显示。

照片回放时的操作

进行照片回放的操作时，按下放大按钮对照片进行放大，按下缩小按钮对照片进行缩小。连续按住缩小按钮，可以显示预览图。（图为佳能EOS 550D）

放大显示

对照片进行放大处理，检查画面对焦是否准确，有没有出现晃动。

预览图显示

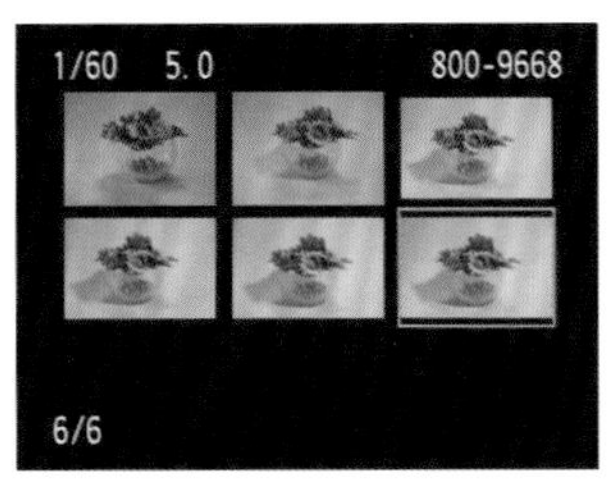

在预览图显示模式下，我们可以对照片的变化进行确认，也更加容易找到之前拍摄的照片。

亮度分布显示

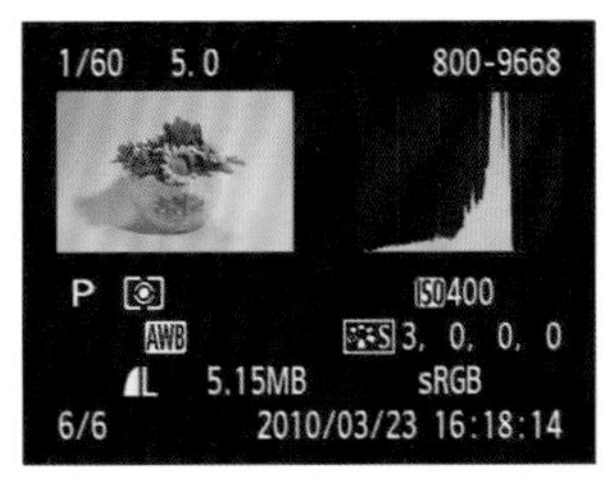

切换显示内容，我们可以对照片的亮度分布和飞白状况进行确认。

专栏
2

使用RAW格式拍照效果会更好吗

有人说使用数码单反相机摄影时，将照片格式设置为RAW会比JPEG更加清晰。其实，这种说法是不准确的，使用RAW格式拍摄的照片之所以效果更好，基本上是拍摄结束后经过修饰润色的结果。想要在摄影结束后对照片进行加工，使用RAW格式是更加有利的。甚至有些人会有“照片是必须经过修饰之后才能算完成”的想法。但就照片本身的质量而言，这两种格式是没有什么优劣之分的。使用RAW格式一样会拍出劣作。

数码相机中最普通的照片格式为“JPEG”格式，在电脑上可以直接进行显示。文件的拓展名为“.jpg”，非常好辨认。这种格式的照片非常好处理，而且随着相机性能的提升，拍摄出来的照片在后期处理时需要进行改动的地方也越来越少，在不需要后期加工的前提下，使用JPEG格式储存照片足矣。

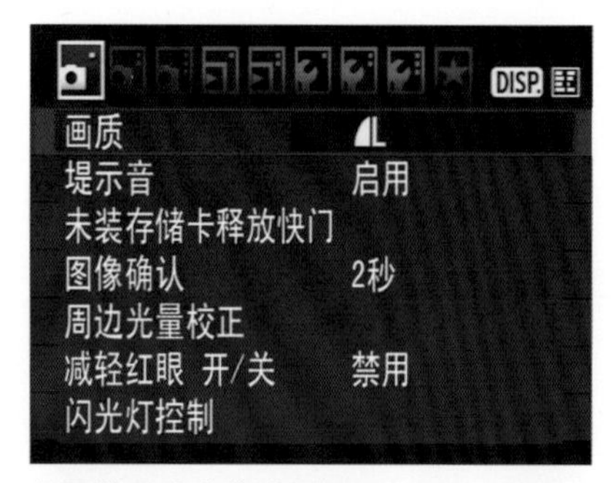

想要将照片的格式设置为RAW，需要在“画质”界面下进行操作。在照片信息显示界面下也可以进行设置。

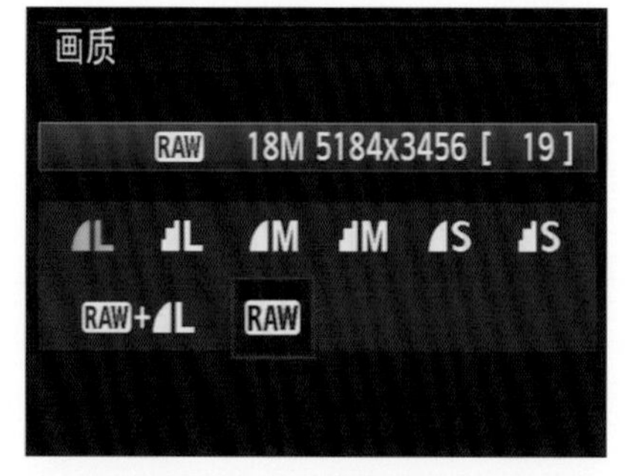

除了标注有RAW标志的格式以外，其余全部为JPEG格式。L、M、S代表的是照片的尺寸，设置为RAW格式时，照片基本为最大尺寸。

第3章

了解基本操作，开始熟悉相机

想要快速熟悉数码单反相机的操作，记住相机的拨盘以及液晶屏幕上各部分代表的功能是最快的途经。在本章中，我们对数码单反相机的基本操作和场景模式等初级功能进行介绍。

摄影之前首先要对模式转盘进行确认

单反相机的一大特点在于可以根据我们自己的构思进行摄影。因此，如何使用好单反相机的模式转盘就成为了关键。

使用好相机模式转盘是使用单反相机的诀窍所在

其实，数码单反相机的基本功能与卡片相机没有太大的差别。唯一的区别在于，使用单反相机可以更换镜头，可以在一些较为严苛的摄影环境中发挥出比较强的摄影能力以及使用各种技巧增加照片的表现力等等。而让单反相机发挥出这些优势的正是相机机身上的各种拨盘。

通过“模式转盘”选择各种摄影模式，通过取景器对画面的构图进行确认，再通过拨轮对曝光进行设置。运用这些操作来打造出与自己心目中的理想构图更加接近的照片。至于拨轮的具体名称，不同的厂商叫法不同，有的称之为“电子拨轮”，有的称之为“指令拨轮”，有的称之为“控制拨轮”。我们在这里将其统称为“拨轮”。

佳能EOS 550D

快门按钮
进行拍摄

拨轮（电子拨轮）
改变相机的光圈和快门速度。按住标有“+/–”标志的曝光补偿按键的同时转动拨轮，可以改变照片的曝光。

模式转盘
通过模式转盘在场景模式、快门优先AE模式等不同的模式之间进行切换。

尼康D5000

尼康D5000的拨轮（指令拨轮）位于机身背面，使用拇指进行操作。曝光补偿按钮位于快门按钮附近。

索尼α330

索尼α330的拨轮（控制拨轮）位于快门按钮的前方。

宾得K-x

宾得K-x的拨轮（电子拨轮）位于相机机身背面，与尼康D5000的位置比较接近。

奥林巴斯E-PL1

奥林巴斯E-PL1的机身与卡片相机比较接近，所以没有配置拨轮。而E-P1和E-P2的辅助拨轮在相机背面。

松下DMC-G2

松下DMC-G2除了依靠背面的拨轮（后置拨轮）进行操作之外，通过触摸屏也可以进行曝光等设置。

对模式转盘进行设置

数码单反相机一定会装备一个大大的模式转盘。通过旋转这个拨盘来调整相机的设置。在摄影时，首先要使用模式转盘选择相机的模式。

比较稳妥的自动模式以及具体场景模式

数码单反相机为了实现各种摄影效果，一般都会内置很多不同的“拍摄模式”。不同摄影模式之间的区别主要在于靠相机自动设置以及靠人为手动设置项目的数量不同。举例来说，将所有的项目全部交给相机自动设置，相机一般会按照拍摄环境进行最合适的设置，拍摄失败的概率很低，这种模式就是“自动模式”。

但是，我们有时会希望自己的照片更有个性，这时自动模式可能就无法满足我们的需要。遇到这种情况，我们可能就要将相机设置为光圈优先AE模式（A、Av）或者快门优先AE模式（S、Tv）进行摄影。并且，在模式转盘上还有用各种图

佳能EOS 550D

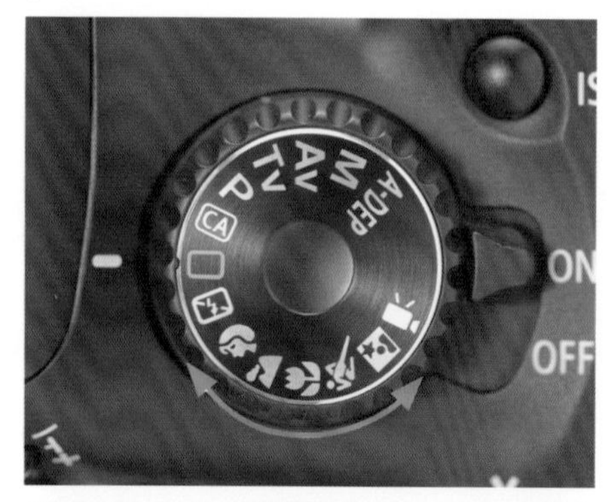

佳能EOS系列的自动模式标志为一个绿色的小方框。而“CA”模式则是一个能够表现摄影者意图的创意自动模式。拨盘下方的图标为不同的场景模式。

尼康D5000

尼康D5000用“AUTO”来表示相机的自动模式。拨盘下方的图标为场景模式。选择“SCENE”之后，相机会提供更多的场景选择。

标表示了不同的场景模式，场景模式基本属于自动类模式，相机会根据不同的拍摄主体做出最合理的设置。诸如“风景”、“运动”模式等。

索尼α330

索尼α330的模式转盘位于相机的左肩。“AUTO”代表自动模式，拨盘上方的图标为不同的场景模式，下方为光圈优先AE模式（A）和快门优先AE模式（S）等。

宾得K-x

在宾得K-x中，“AUTO PICT”代表自动模式。相机除了具备光圈优先AE模式（Av）和快门优先AE模式（Tv）之外，还支持感光度优先AE模式（Sv）。

奥林巴斯E-PL1

奥林巴斯的PEN系列，“iA”代表自动模式，而所有的场景模式都被包含在了“SCN”模式下。调色板图标代表现在非常受欢迎的“Art Filter”模式（艺术滤镜模式）。

松下DMC-G2

松下DMC-G2的自动模式并不能通过转盘进行切换，而是通过单独的“iA”按钮进行设置。而该款相机拥有和PEN系列相机的“Art Filter”功能相仿的“My color”（我的色彩）模式（参考P64的内容）。

配合各种场景进行选择的场景模式

入门级的单反相机常常都设有不同的“场景模式”。结合自己的拍摄目标进行适当的选择，可以让我们的照片更有效果。当自动模式已经无法满足要求时，推荐大家尝试。

初学者也能轻松进行摄影

在场景模式下，结合不同的拍摄主体相机会自动调整各个项目的设置，选择最适合的数值。例如，在“肖像”模式下，人物的皮肤看起来会更加美丽，“风景”模式下，照片的颜色会变得更加鲜艳，“运动”模式下，快门速度会变快，可以抓拍到运动中的物体。

不同的厂商对场景模式的定义并不相同。例如，佳能和尼康的相机都拥有“特写”模式，与佳能的大光圈背景虚化效果不同，尼康的特写模式光圈更小，整体没有虚化效果。

单反相机有很多不同的场景模式。佳能EOS 550D和索尼α330通过模式转盘直接进行选择的场景大概有五六种，在“SCENE”模式中可以扩展出十几种场景模式。而松下DMC-G2则准备了多达26种的场景模式供大家选择。光是浏览一遍，就有不少乐趣。

使用模式转盘选择场景模式

模式转盘上的图标代表了不同的场景模式。图为“风景”模式。

场景模式的显示

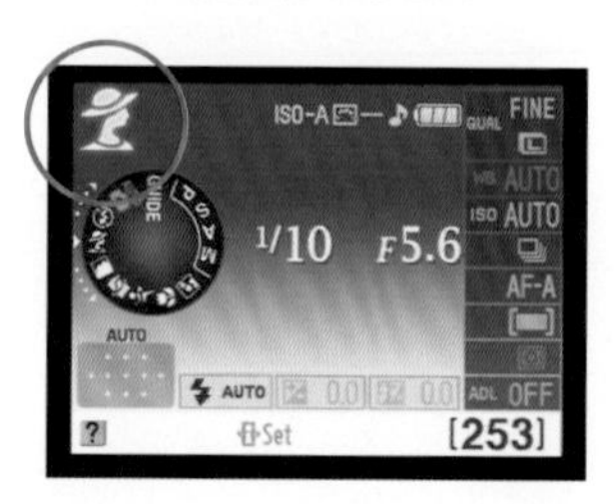

切换到场景模式后，液晶屏幕上显示的信息也会发生改变。图为尼康D3000的界面，左上角的图标代表了当前的场景。

场景模式：夜景肖像模式

在场景模式中，夜景肖像模式是非常方便实用的一种。闪光灯持续发光，快门速度延长，人物和背景都能被拍得很清楚。想要拍摄出相同的效果，需要一系列的手动设置，非常麻烦。即使是一些摄影老手，也经常会使用这种模式。

场景模式：风景

使用场景模式中的“风景”模式，画面中的绿树和蓝天会变得更加鲜艳。在晴天环境下，画面的颜色可能会过于明亮，所以风景模式更多会被用于阴天环境的摄影。这样画面的对比更加明显，整体效果更好。

场景模式：亮色调

使用尼康D5000的亮色调模式拍摄的照片，画面整体的颜色偏亮，与单纯通过曝光提高画面亮度的效果略有不同。

场景模式：夕阳

使用奥林巴斯E-P1中的“夕阳”模式拍摄的照片。画面中的红色和黄色显得非常鲜艳，通过曝光补偿降低了画面的亮度，增加了日落时分的气氛。

奥林巴斯PEN系列的“e肖像”模式

在奥林巴斯的PEN系列相机中有一种非常受欢迎的场景模式设置，那就是“e肖像”模式。简单来说，这种模式是可以对人物的皮肤进行美化的一种特效模式。使用这种模式摄影，可以在保证人物面部轮廓清晰的前提下消去人物面部的毛孔和皱纹。松下的G系列相机中也有类似的模式，被命名为“美肤”模式，但是效果却不如奥林巴斯的PEN相机明显。作为十分受女性推崇的一项功能，有机会大家可以试一试。

整体

使用“e肖像”模式拍摄的场景。使用PEN相机的e肖像模式进行摄影会同时保存两张照片，一张是普通照片，一张是经过美化处理之后的照片。右边是这两张照片的对比图。

普通

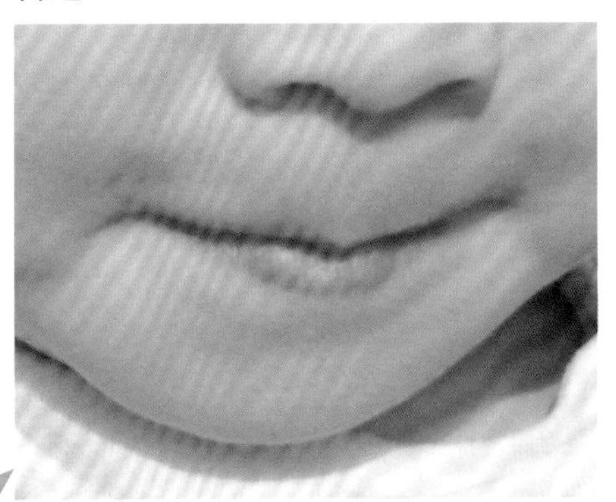

e肖像

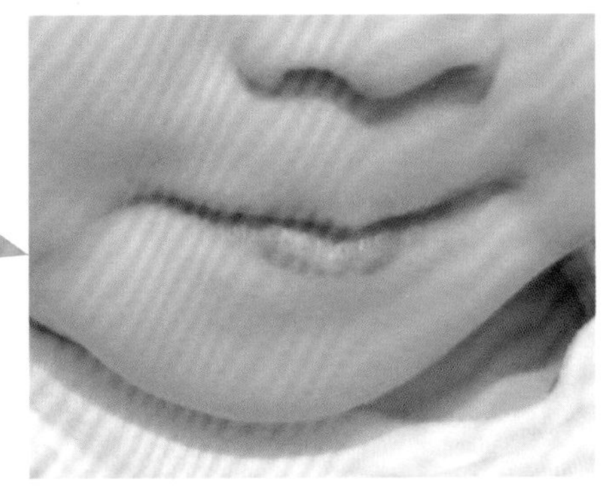

上方的图片为普通照片，下方的照片是经过“e肖像”美化处理之后的照片。孩子的皮肤原本就十分光滑，现在显得更加水嫩，连孩子脸上的小茸毛都被处理掉了。实在是非常强大的一项功能。

使用滤镜功能打造出专业级的照片

奥林巴斯的PEN系列相机以及松下的DMC-GF1、DMC-G2之所以能够获得很高的人气，很大程度上是因为它们搭载了强大的滤镜功能。可以拍摄出像职业摄影师所拍摄的那种冲击力很强的照片。

选择与滤镜相匹配的场景

在奥林巴斯的PEN系列相机中有一项名为“Art Filter”（艺术滤镜）的功能，松下的DMC-GF1、DMC-G2中的“My color”（我的色彩）、宾得相机中的“Digital Filter”（数码滤镜）都是与之类似的功能。通过这些功能，我们可以给照片增加很强的效果，让照片变身职业级的水准。

所谓的滤镜功能，其实就是相机内置的一种图像修饰软件，结合不同的主题对照片进行大幅度的加工改造。从而拍摄出与人眼所见大为不同的照片。

滤镜功能突出个性，如果与拍摄场景对应的不好，效果会非常奇怪。而如果与场景结合得好，则可以拍摄出非常完美的照片。推荐大家尝试。

Art Filter（奥林巴斯PEN）

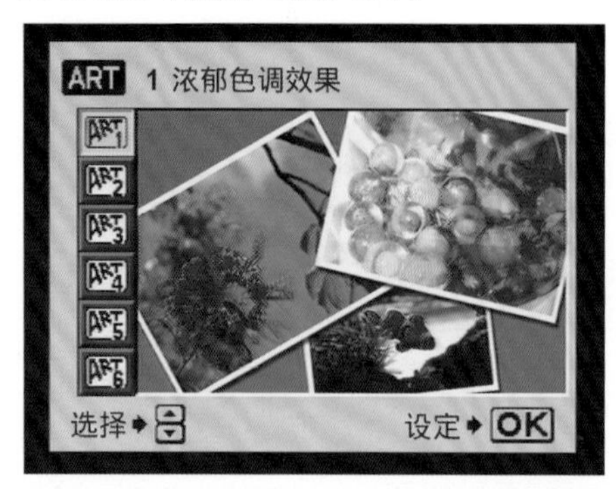

奥林巴斯PEN和松下DMC-GF1/G2都支持通过模式转盘直接切换到“Art Filter”和“My Color”模式，这样就可以直接在滤镜效果下进行拍摄了。

Digital Filter（宾得K-x）

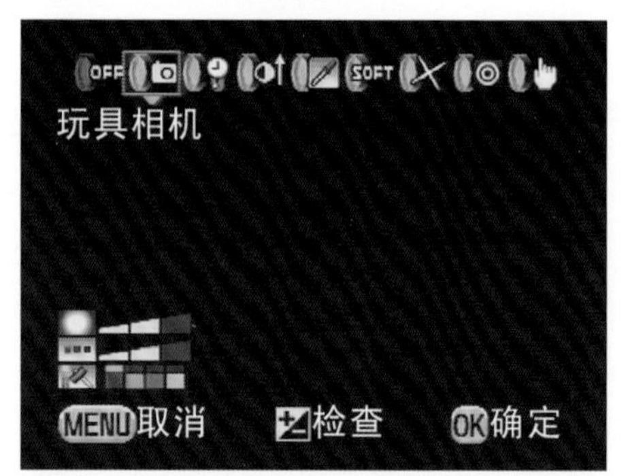

宾得K-x的Digital Filter功能要通过信息显示界面按下“INFO”按钮进行选择，之后才能进入滤镜模式进行拍摄。

Art Filter（奥林巴斯E-P1）：幻想

奥林巴斯PEN系列相机中非常受欢迎的一款滤镜效果。整个画面仿佛被一种柔和的光线笼罩，给人一种超然世外的感觉。上图是使用+1EV曝光补偿之后的效果。

Art Filter（奥林巴斯E-PL1）：深棕色

在奥林巴斯E-PL1中新增加的“深棕色”滤镜效果。与之相似的还有“照片怀旧颗粒效果”，我们会在P132中介绍。

My Color（松下DMC-GF1）：
纯净

My Color模式中的“纯净”效果，给人清凉感觉的明亮光照是其特点。照片给人比较清爽的感觉。

My Color（松下DMC-GF1）：
复古

My Color中的“复古”效果，营造出了照片褪色的感觉。

Digital Filter（宾得K–x）：柔化

Digital Filter中的“柔化”效果，画面整体出现虚化，给人一种比较柔美的感觉。由于拍摄时处于逆光环境，相机对画面的亮度进行了大幅度的调整。

Digital Filter（宾得K–x）：高对比

Digital Filter中的“高对比”效果，画面的对比度十分强烈，能给人留下深刻的印象。上图也是经过+1EV曝光补偿之后的效果。

一目了然的状态信息显示

相机背面的液晶屏上往往会显示出相机的各种状态信息。大多数型号都支持通过液晶屏幕对相机进行设置。记住液晶屏幕上显示内容的含义，可以提高我们对相机的认识程度。

通过信息显示画面轻松完成相机设置

打开相机电源，液晶屏幕上就会出现一系列数字和图标。如果没有显示，可以按下“DISP”或者“INFO”按钮。通过信息显示界面，我们可以掌握现在相机的设置情况。

通过信息显示界面，我们还可以进一步更改与摄影直接有关项目的设置。由于是通过一览表进行选择设置，操作是非常容易的。

在信息显示界面下，按下OK按钮或者其他专设的按钮，相机就会切换至设置界面。其中包含白平衡、ISO感光度、照

佳能EOS 550D的“Quick设置”

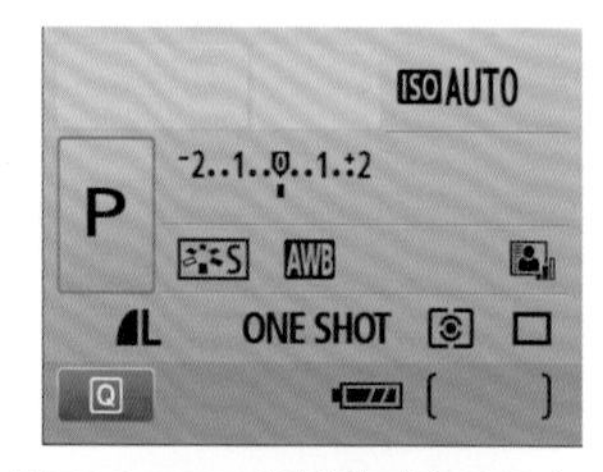

佳能EOS 550D在摄影时液晶屏上显示的画面。其中包含了ISO感光度、曝光补偿等内容。

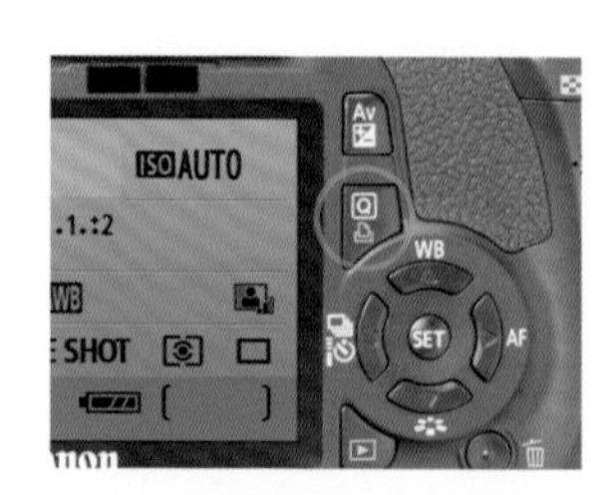

在左图显示的状态下按下液晶屏旁边的“Q（Quick）设置”按钮。

相机会自动选定某项属性。转动拨轮，可以改变该项属性的具体设置。佳能将这种功能称为“Quick设置”。

在左图显示的状态下按下OK按钮，可以看到选项一览表。从这里进行选择同样可以实现对相机进行设置的目的。

片尺寸、自动对焦等多项内容，每一项对于摄影来说都是至关重要的。掌握相机状态信息显示界面各部分的含义以及如何通过界面对相机的各项属性进行设置，是熟练掌握和使用单反相机进行摄影的一条捷径。

尼康D5000的“INFO界面”设置

尼康D5000的信息显示界面。光圈是通过示意图的形式来表现的，根据用户的操作，光圈示意图会发生相应的变化。

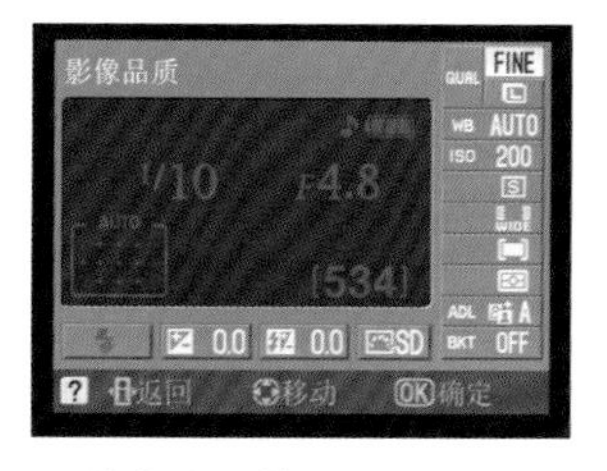

在左图显示的状态下按下“i（info）”按钮，界面显示会发生变化，可以改变相机的设置。

索尼α330

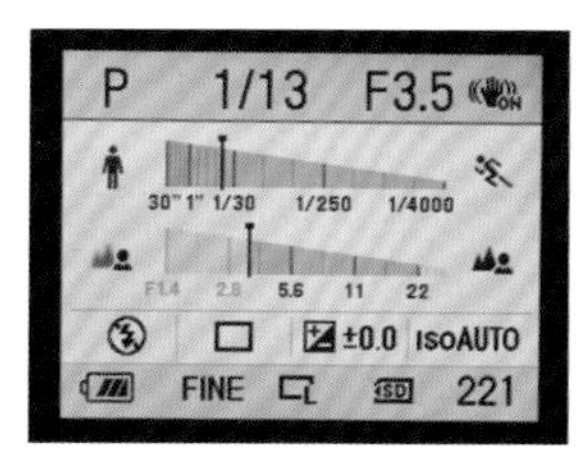

索尼α330的显示界面。光圈和快门速度是通过示意图表示的。按下“Fn”按钮或者“控制按钮”（十字按钮的中央处）可以切换到设置界面。

宾得K-x

宾得K-x的信息显示界面被称为“status screen”，相机十字按钮所代表的功能都会在界面中显示，使用“INFO”按钮切换到设置界面。

奥林巴斯E-PL1

在奥林巴斯E-PL1显示拍摄画面状态下按下“OK”按钮，相机会切换到设置界面（Live control）。但是画面不会在整体上变成设置界面，更接近于卡片机的显示风格。

松下DMC-G2

松下DMC-G2在按下“Q.MENU”按钮之后会切换到设置界面。根据摄影的风格，相机的设置界面也是不同的。属于最标准的“液晶屏显示风格”。

掌握各个菜单的操作

菜单中显示的往往是我们比较常用的项目，但是还有一些能够让相机变得更加简便易用的功能在信息显示界面中无法完全显示。下面我们就来具体的看一下菜单的使用方法。

遇到困难时可以打开的菜单画面

前面我们讲过，在信息显示界面中我们可以对直接关乎摄影效果的各个项目进行设置，其中很多内容同样会出现在菜单当中，如图像尺寸的设置就同时被包含在信息显示界面和设置菜单当中。另外，有些型号的相机只支持在信息显示界面进行切换，具体的设置要进入到设置菜单中才能进行。

使用“MENU”按钮进入设置菜单。其中会包含“摄影”、“图片回放”等等不同类型的菜单。在每一个分类中还会有具体的设置细目。想要记住每一项设置究竟位于菜单中的什么位置是一件相当有难度的事情。而且也没有必要去记住。但

佳能EOS 550D

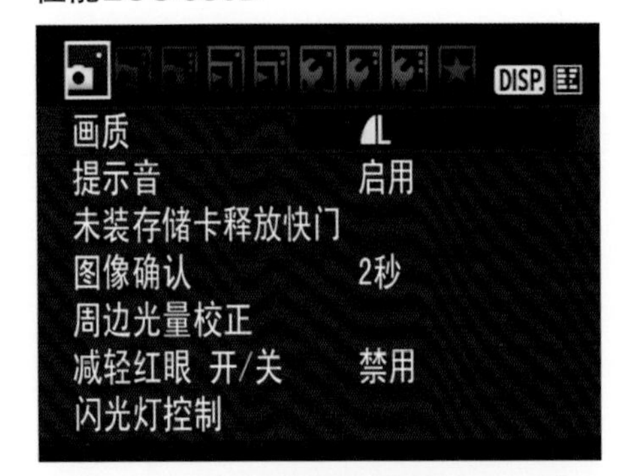

佳能EOS 550D的菜单包含“摄影”和“照片回放”等不同的组别。像摄影这样项目比较多的组，被分成了三个单独的页面，这样一来大家在每一个分页下就不再需要翻页操作了。

尼康D5000

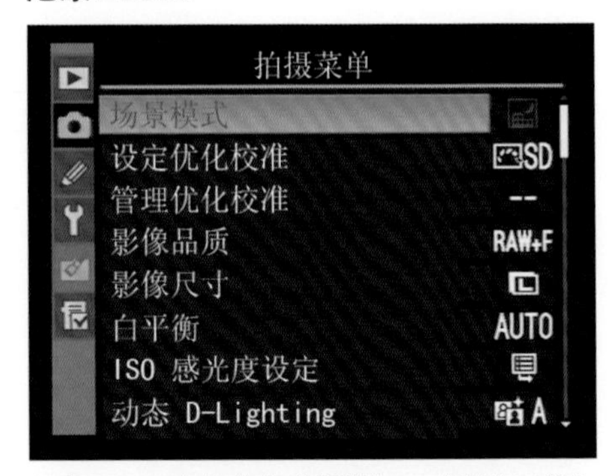

尼康D5000中包含有“摄影”、“照片回放”等组别，其中调色板的图标代表的是可以对图片进行加工的“图像编辑”菜单。

是，有些时候一些特别方便实用的功能可能会被隐藏起来，有时间的情况下还是应该对照说明书认真研究一下相机的使用向导。并且，研究改变画面颜色等自定义操作也颇有一番乐趣。

索尼α330

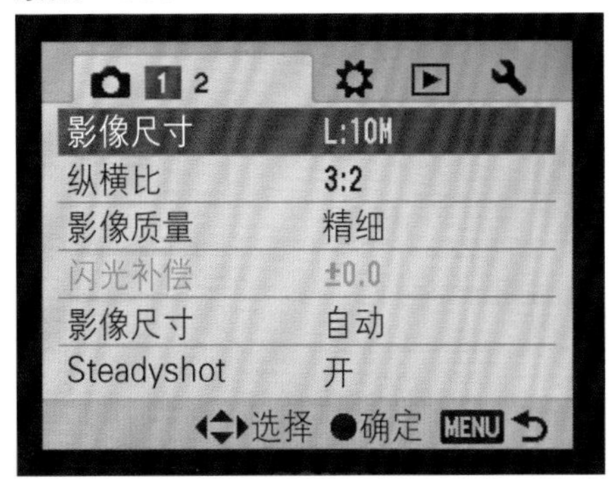

索尼α330的设置菜单中只包含了信息显示界面没有显示的项目，因此比较简洁。其中格式化记忆卡的操作被包含在了照片回放项目之下。

宾得K-x

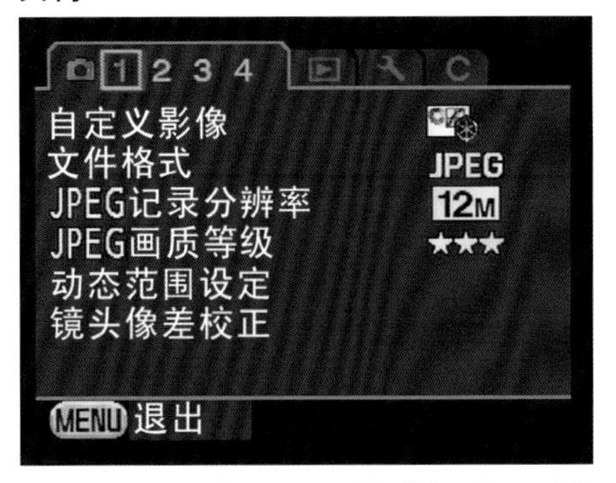

宾得K-x的菜单也是分组排列的。乍一看内容不多，但是其中包含有“摄影”、“自定义”、“详细设置”等具体4种类别，包含了非常多的功能。

奥林巴斯E-PL1

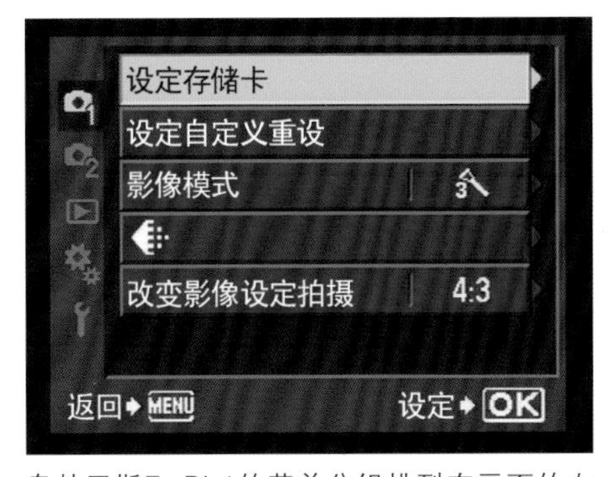

奥林巴斯E-PL1的菜单分组排列在画面的左侧。比较简洁，但是在“自定义”下面包含了非常多的功能。

松下DMC-G2

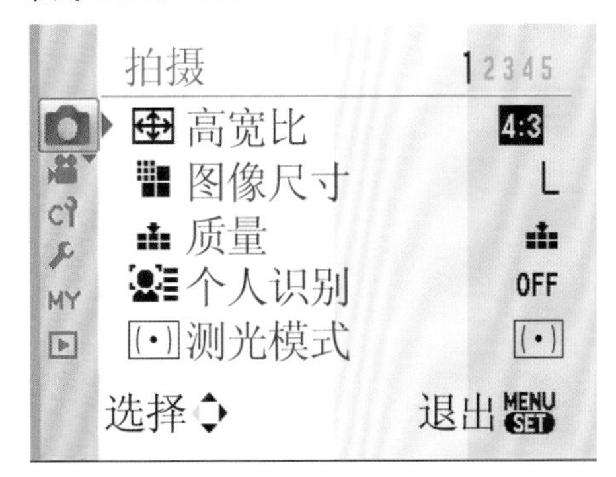

松下DMC-G2的分组同样出现在画面的左侧。由于该相机以录影功能著称，所以有单独的“录影”菜单组。其中“MY”图标代表的是“My Menu”，其中包含有用户最近使用的功能。

通过取景器捕捉目标物体

所谓的取景器，指的就是用来进行构图和对焦的那个可视窗口，在单反相机中具有重要的作用。不过，现在市面上已经出现了像PEN系列或者GF1这样没有取景器的相机。

对构图、对焦、曝光补偿等数值进行确认

我们使用取景器来决定照片的构图，照片的构图与绘画的构图不同，我们需要决定的只不过是如何截取自己眼前的景色使之成为照片，在什么位置安排什么景物而已。取景器对于相机来讲是非常重要的一个部分，关于构图我们会在P102中进行详细的介绍。

在构图确定以后，我们可以半按下快门键进行对焦。在取景器中可以看到能够发光的对焦点（也叫AF对焦区域），关于对焦的知识请参考P122的内容。在取景器的下方，会显示快门速度、曝光补偿数值

佳能EOS 550D

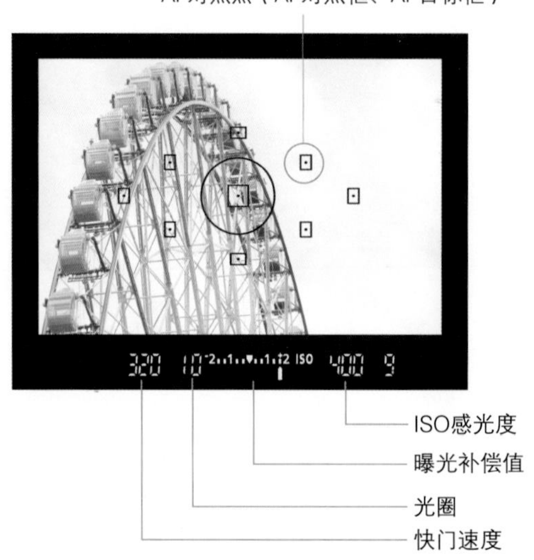

图为取景器中显示内容的一个范例。我们不仅要通过取景器对对焦位置进行确认，还要留意取景器下方光圈、快门速度等内容。

视度调节

如果看不清楚取景器中的内容，可以对取景器的可视度进行调节。一边观看取景器，一边转动旁边的拨柄，选择一个自己看得最清楚的位置。

等等指标。

像奥林巴斯PEN系列这样的单电相机，虽然没有光学取景器，但是通过加装电子取景器可以实现相同的效果。奥林巴斯E-P1不支持电子取景器。

佳能EOS 550D

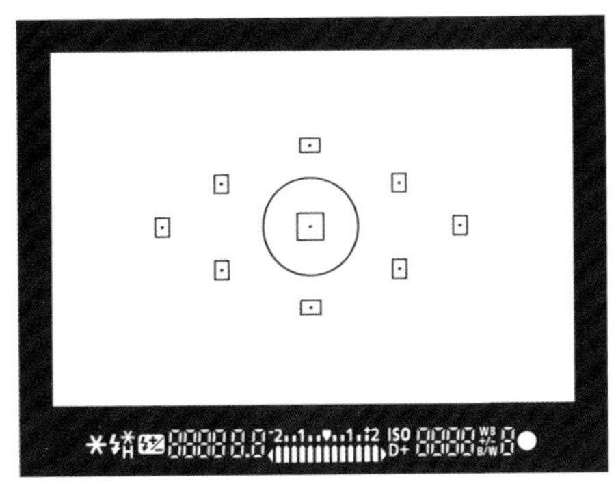

佳能EOS 550D取景器中的显示内容。9个AF对焦点成菱形分布。与其他品牌的相机一样，中央对焦点的对焦性能是最好的。

尼康D5000

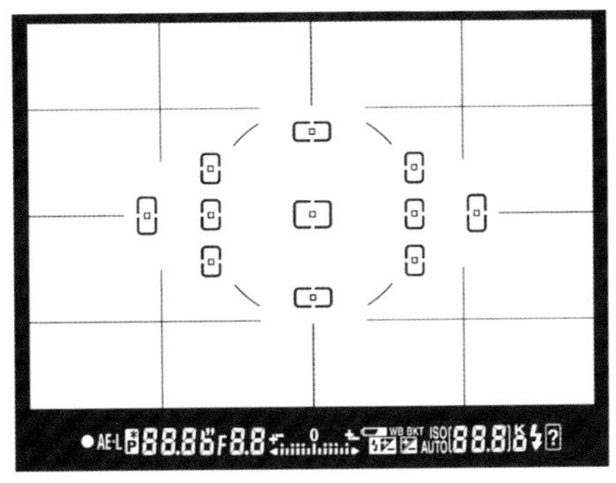

尼康D5000的取景器画面。AF对焦点成菱形分布，共计11个AF对焦点。图中的分割线在初始状态下是不会显示的。

索尼α330

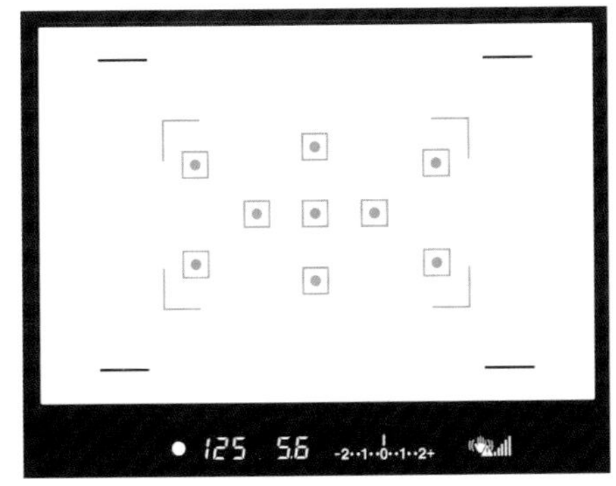

索尼α330的取景器画面。AF对焦点的分布与其他相机略有不同。如果出现手抖导致画面模糊的问题，取景器会自动显示出来。

宾得K-x

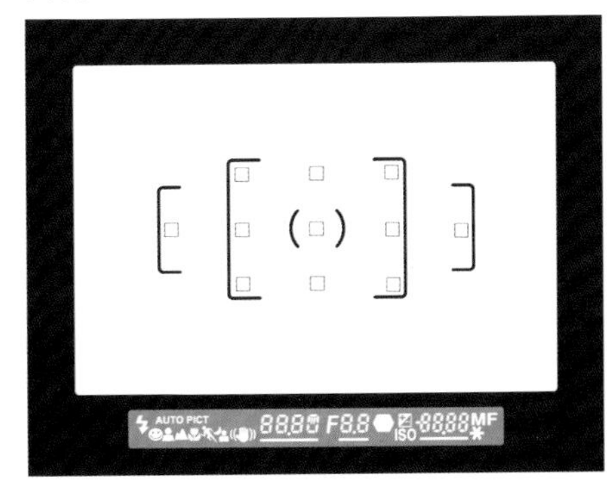

宾得K-x的取景器画面。为了方便摄影者观看，11个对焦点平时是隐藏起来的，只会显示出取景框。

双眼同时对画面确认的实时取景功能

实时取景功能就是通过液晶屏幕进行取景的功能。这种原本属于卡片机的设计，现在被越来越多的单反相机所采用。下面我们就来介绍一下具体的使用方法。

在不能使用取景器、三脚架进行取景拍摄时非常方便

虽然同样被称为实时取景，但是单电相机与普通的单反相机在自动对焦性能上的差别还是很大的。想要在实时取景功能下实现快速的自动对焦，需要使用专门设计的镜头，传统的镜头在这方面劣势非常明显。如果使用的是单反相机，除了在一些无法直接观察取景器以及使用三脚架进行精确摄影之外，最好还是使用传统的取景器进行取景。

实时取景功能另外的一个优势在于可以使用两只眼睛同时对画面进行确认，这样可以照顾的更加周全。

低角度摄影

从较低的位置进行拍摄被称为低角度摄影。如果身体不趴下来就没有办法看到取景器里面的内容时，通常要使用实时取景功能进行取景。

高角度摄影

相反，从较高的位置进行拍摄被称为高角度摄影。在人员较为拥挤的环境中拍照时，往往要使用液晶屏进行实时取景。

旋转显示屏可以自由改变角度

旋转式液晶屏可以自由变换角度，所以也被称为万向液晶屏。由于可以结合我们的视线方向来进行自由的调整，所以在进行低角度或者高角度摄影时可以提供不小的帮助。

最初的旋转液晶屏基本上以横开式为主，如松下DMC-G2。但是横开式的液晶屏会造成摄影者的视线与镜头方向不统一的问题。为了解决这一问题，尼康D5000采用的则是下翻式液晶屏的设计。而索尼α330则采用的是可以上下倾斜的液晶屏设计。旋转液晶屏的设计非常方便、实用。

松下DMC-G2

横开式的旋转液晶屏。现在旋转液晶屏的单反相机大多也选择了这种设计。

尼康D5000

将开页设置在液晶屏下方的一种旋转式液晶屏。即使翻转液晶屏，摄影者的视线与镜头的方向仍然可以保持一致。这是该设计的一大特点。

索尼α330

相机液晶屏的开页是半固定式的设计。液晶屏只能在上下方向发生一定的倾斜，操作简便，实用性强，但是无法用于自拍。

查看显示屏上显示的内容

实时取景功能下液晶屏上显示的内容基本上与取景器无异，其中包含的内容甚至会多于取景器。不仅支持取景框的显示，还可以看到照片的灰度分布。与取景器在功能上有所差别的地方在于，实时取景功能下画面的对焦位置是可以任意设置的（一部分相机除外）。使用三脚架进行摄影时，这一功能是非常实用的。并且还支持人脸识别功能。此外，实时取景的优势还包括可以在摄影之前对白平衡以及滤镜效果等进行确认。

实时取景时的界面

实时取景功能的界面（E–P1，以下同）。在屏幕的左右两侧显示了相机设置的状态。

可以自由移动的AF对焦点

与取景器不同，在实时取景模式下，对焦点可以是画面中任意的位置。

人脸识别系统自动对焦

使用实时取景功能时可以支持人脸识别系统。配合人物的位置，相机会自动设置对焦位置以及曝光数值。

变更白平衡的设置

在实时取景模式下改变设置，屏幕上会显示出相应的内容。在摄影之前可以对相机的状态进行确认。

佳能EOS 550D

佳能EOS 550D在取景器的旁边设有实时取景功能的“DISP”按钮。通过这个按键就可以进行切换。

尼康D5000

按下尼康D5000的“Lv”按钮，相机会切换到实时取景模式。按下“info”按钮，画面显示的内容会发生改变。

索尼α330

索尼α330在实时取景界面下支持9点对焦，与取景器是相同的。但不支持人脸识别系统。

宾得K-x

宾得K-x是通过“Lv”键切换到实时取景模式的。同时支持人脸识别系统。

奥林巴斯E-PL1

奥林巴斯E-PL1的实时取景功能是其基本特色。加装上电子取景器以后才可以实现取景器和液晶屏幕显示切换。

松下DMC-G2

松下DMC-G2的实时取景界面。通过“LVF/LCD”按钮可以在电子取景器和液晶屏幕之间进行切换选择。

用相机自带的修饰功能为照片添加特效

相机拍摄的照片一般都是没有特殊的原片，但是尼康D5000中内置有图片加工功能，可以制作出各种各样的效果。

添加特效之后单独生成新文件

现在有很多相机都内置了照片加工功能，但是其中多数还是以调整尺寸（照片缩小）和剪裁为主。尼康D5000和D3000中内置了滤镜效果和色彩编辑等更加实用的照片编辑软件，实现了只通过相机就能完成照片编辑的目的。在拍照间歇，拿出相机对之前拍摄的照片进行编辑，也是一种新玩法。

通过相机对照片进行修饰润色之后，原来的照片还会保存在原处，编辑后的照片是单独保存的。因此，可以放心大胆地进行编辑。

照片编辑菜单

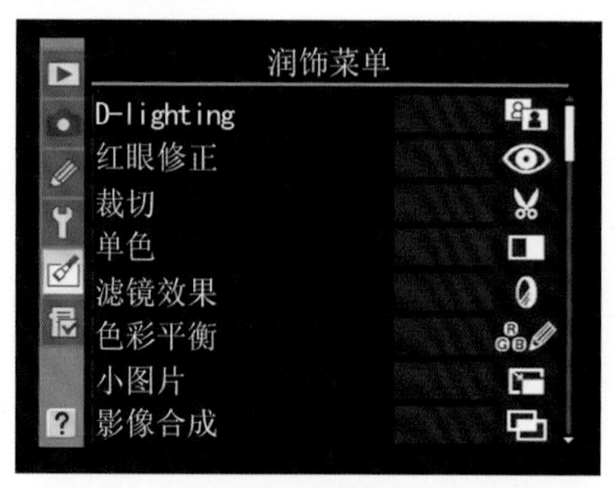

尼康D5000的照片编辑菜单中包含有黑白照片、滤镜效果等修饰润色功能。在照片回放模式下按下Ok按钮即可打开该界面。

使用方法很简单，可以一边看着菜单一边进行操作。图为“滤镜效果”中的“十字滤镜”。

滤镜效果/柔化

使用尼康D5000中的柔化滤镜效果进行修饰的效果。这种照片也叫柔化对焦照片，柔化效果分为强、标准、弱三档。

鱼眼效果

使用鱼眼效果可以将照片编辑成鱼眼镜头拍摄出来的极端扭曲的效果。效果的强弱可以调节，鱼眼效果越强，周边变形就越严重。

单色调/复古

使用单色调效果中的复古模式对照片进行修饰。照片给人一种怀旧的感觉。颜色的深浅可以调节，除了复古之外还有蓝色系的清冷模式可供选择。

使用单反相机进行摄像

近几年来，市面上涌现出了许多带摄像功能的单反相机。摄像的乐趣有别于静止画面，而这也正是单反相机进化的一面。

摄像功能开始在单反相机中普及

具有摄像功能的单反相机中，走在先进前列的当属松下生产的相机。不仅仅因为其支持“AVCHD”和“AVCHD Lite”视频的记录方式，更是因为松下相机在视频拍摄中实现了自动对焦。即使被拍摄的物体或人有所移动，镜头也会自动追踪焦点。

当然，其他品牌的单反相机也能通过手动对焦追踪拍摄目标，但这需要一定的拍摄经验。要想熟练操作摄影过程中的变焦，同样也需要通过不断的练习。综上所述，目前单反相机的摄像技术尚未被真正确立起来，所以单反相机的摄像功能也只是在某些应急情况下使用而已。

加入了摄像功能的单反相机

松下G系列的所有产品均加入了摄像功能。最新的松下DMC-G2选用触摸屏作为监视器，这样就可以通过触摸操作迅速设定对焦的位置。

视频菜单

图为松下DMC-GFI的视频菜单。包括摄像时的自动对焦在内的设置都可以进行细致的调节。

摄像专用键

目前，配备有摄像专用按钮的机器也在不断增加（图为松下相机）。利用摄像专用按钮，可以及时地录制视频。

普通的单反相机

普通的单反相机需将模式转盘旋至“视频”，并按下快捷键才能开始录制。

视频的特性

视频因为是连续录制，所以没有必要像拍摄静止画面一样为捕捉一瞬间的时机而苦等。日常的摄影中，我们可以将无法用照片捕捉的事物用视频记录下来。上图即为用奥林巴斯PEN相机录制的视频中截取出来的一个画面。

感受照片冲洗的乐趣

冲洗照片有各种各样的方法。如果只是随手拍拍，可以去附近的冲洗店或者登陆网络冲洗店进行照片冲洗。如果要正式冲洗，建议购买打印机。

照片冲洗店的服务

冲洗照片有许多种方法。简单的方法就是去照片冲洗店和相机店。从相机中取出记忆卡交给店员，他们会从记忆卡中读取出照片的数据并为你冲洗照片。委托店里冲洗的照片一般在几天后就可以领取。

此外，还有种便利的服务就是刻录成CD光盘。将从记忆卡中获取的数据直接制作成不同于照片的CD介质进行保存。

如果附近或上下班途中没有冲洗店，就尝试一下网络冲洗吧！只要通过互联网传送图像，之后照片就会送到你的手中（也可去店铺自取）。冲洗店经营的网络冲洗，其服务内容与实体店是相同的。网络上虽然有冲洗1张几毛钱的特别便宜的

DPE SHOP（冲洗店）

如果附近有冲洗店会十分方便。

网络冲洗

通过互联网订购照片的网络冲洗。价格和服务就店铺的不同有很大的差别。

网店，但这些地方多是只接受常规照片的冲洗，所以价格低廉。此外，寄送照片虽然需要支付邮费，但因为多是使用信件寄送，所以十分便宜。在网络上传送照片的时候，如果通过光纤等高速的网络会更加快捷。

如果冲洗需要A4等较大尺寸或需要电脑进行修片的照片，建议购买打印机。虽然在冲洗店中也可以冲洗大尺寸照片，但多数情况下价格较贵。自己家中若是有打印机，即便想对色彩加以润饰也可以轻松完成。而现在打印机的性能都非常出众，即便是带复印功能的家用复合打印机，也能够很好地冲洗照片，同时也能胜任其他的打印工作。

相册

相册有许多的种类。只要大约几十元便可制作20页左右的普通相册。

打印机

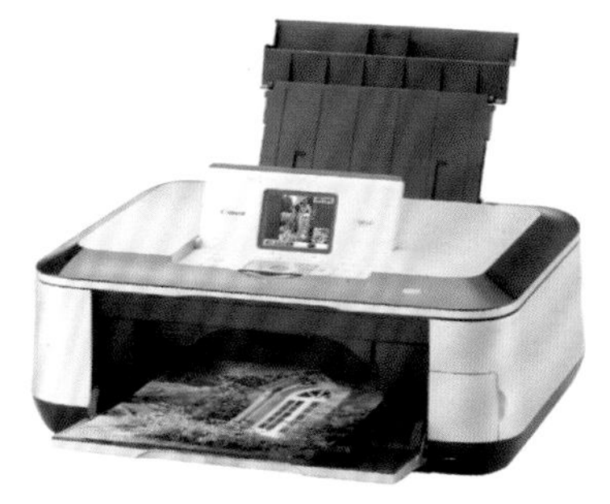

若想正式冲洗照片建议购买冲洗机。若是只用于家庭使用，普通的打印机便可轻松满足你的需求。

将照片数据保存到DVD光盘中

摄影是无法再次拍到相同事物的瞬间记录，所以，摄影完后，我们通常将记忆卡中的数据保存到电脑中。其实，将数据保存在DVD上也是种不错的选择。

绝大多数电脑都配备DVD光驱

许多人选择将照片数据保存在电脑的硬盘中，其实这并不是一个万全之策。电脑用得久了导致硬盘中的数据无法读取，相信许多人都有过这样痛苦的经历。所以，将数据保存在DVD上更为安全。

现今的电脑大多都配有DVD刻录功能，如果自己的电脑没有DVD刻录光驱的话，可以购买外置的DVD刻录光驱。

在刻录完毕的DVD光盘上标注摄影的日期和摄影的内容等信息，这样日后的再次使用也变得更加轻松。之后可将光盘装入书型的DVD包中进行管理。如果照片的

目前市售的电脑多带有DVD刻录光驱。如果没有的话，建议购买一个外置光驱。

数量实在太多，可以对光盘分门别类，用多个DVD包进行管理。

Windows7的光盘刻录

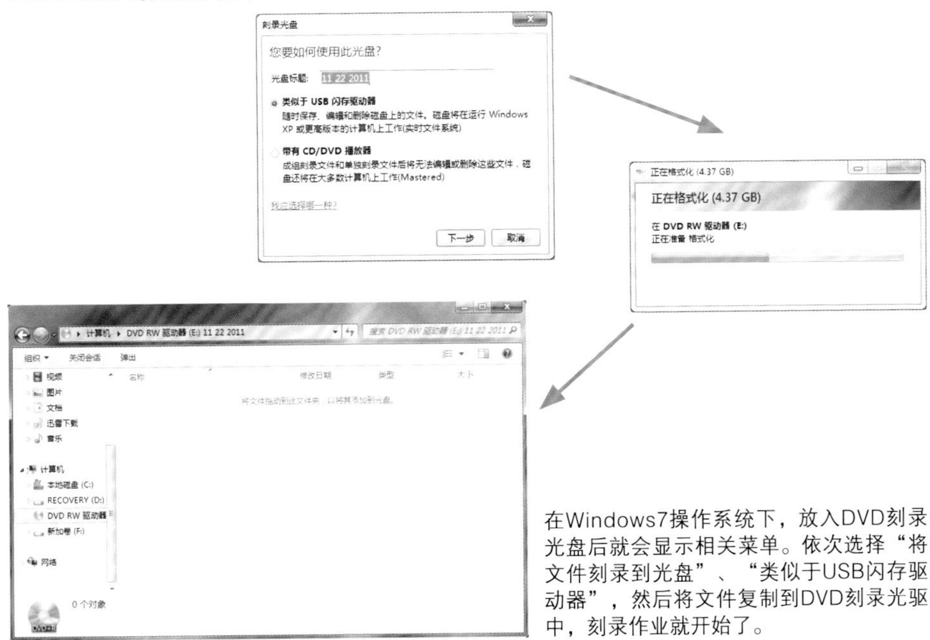

在Windows7操作系统下，放入DVD刻录光盘后就会显示相关菜单。依次选择“将文件刻录到光盘”、“类似于USB闪存驱动器”，然后将文件复制到DVD刻录光驱中，刻录作业就开始了。

便于管理的DVD文件夹

如果要管理多张DVD光盘，如左图所示的箱包型DVD包是十分便于检索和保存的。

什么是35mm换算

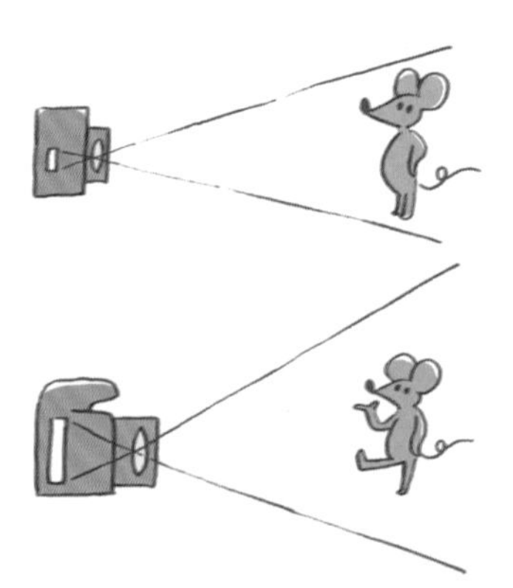

即使使用焦距相同的镜头，成像元件尺寸不同导致相机的拍摄范围也会不同。

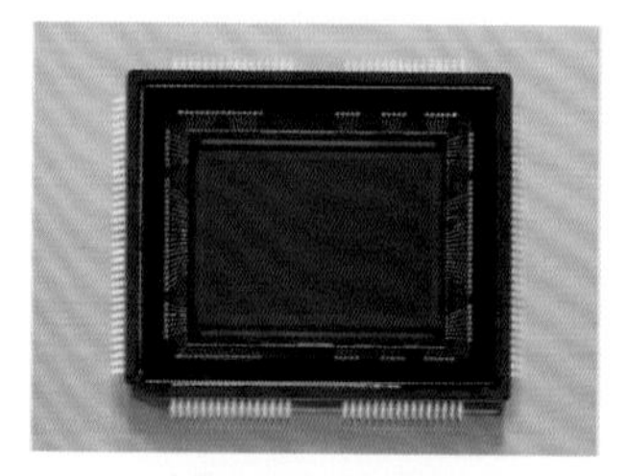

尼康D90的成像元件。使用的是与APS-C相同的尺寸，但是被称为DX Format。

单反相机中的成像元件因品牌不同尺寸也存在差异。因此，即使使用焦距相同的镜头，可拍摄的范围也会不同。这样的表示方法会非常不方便，所以常常要用35mm尺寸胶片产生的拍摄范围进行换算之后的数字来表示。这就是所谓的35mm换算。比如，在尼康的D3000或D90上装上焦距50mm的镜头，按照35mm换算之后可以产生75mm焦距的拍摄范围，也就是50mm焦距的1.5倍。大多数单反使用的都是APS-C成像元件，但是不同的品牌之间在尺寸上存在一定的差异。同样是被称为APS-C，索尼的产品可以产生1.5倍的效果，而佳能的产品则会产生1.6倍的效果。

各厂家的尺寸规格与35mm换算之后的数值

	规格名称	镜头名称	倍率※2	实际焦距50mm※3	50mm画域※4
尼康	DX Format	DX	1.5倍	75mm	约33mm
索尼	APS-C	DT	1.5倍	75mm	约33mm
宾得	APS-C	DA	1.5倍	75mm	约33mm
佳能	APS-C	EF-S	1.6倍	80mm	约31mm
奥林巴斯	Four Thirds ※1	——	2倍	100mm	25mm
松下	Four Thirds ※1	——	2倍	100mm	25mm

※1 Four Thirds规格也包括4/3转接卡口。Micro Four Thirds的倍数与之相同。
※2为了进行35mm尺寸换算，实际焦距进行放大的倍数。
※3安装实际焦距为50mm的镜头时，使用35mm尺寸换算之后所产生的画域。
※4在35mm尺寸换算下要得到相当于50mm焦距所产生的画域，镜头的实际焦距。

第4章

拍出时尚照片的相机使用指南

想要拍出漂亮可爱的照片，拍摄目标、构图、光线、虚化范围等细节的把握就显得尤为重要。其实，数码单反相机的成像构造非常简单，在此我为大家介绍一些摄影窍门。请大家抛弃“摄影似乎很难”的想法，随我一起来学习摄影的方法。初次接触摄影时或许觉得有些技巧难以理解，但随着持之以恒的摄影实践，这些知识就自然而然地被你消化吸收了。

如何找寻拍摄目标

或许你会觉得从我们熟识的日常生活中发现想要拍摄的事物是件很困难的事情。其实只要稍微改变一下对事物的观察角度，你就会有许多新的发现。

在散步中寻找美丽

我认为，能从日常生活中拍摄到美妙照片的人，必定是不放过每天的细小变化并拥有丰富情感的人。只要用心观察，那些人们已熟视无睹的日常景色也能有另一番风味。

比如，在上下班的途中，仰望一下天空、俯视一下桥下，或者是钻入一条小巷，也许你就可以获得到平常所察觉不到的发现。此外，随着四季的变化、时间的流逝，窗前的装饰物、路边盛开的花朵以及随着天气和时间而变化的光线，都会有千姿百态的变化。

在寻找并发现你要拍摄的事物的过程中，最重要的是一定要靠自己徒步行走去发现。即使是日常的散步，只要抱着寻找美丽的心态，也许就会和“她”不期而遇。

步入小巷子

走进一条小巷子，发现猫儿们的集会已经开始了。也许是突然的造访让这群猫咪处于戒备状态。为了表现出猫咪的眼神，摄影者特意从其正面进行拍摄。

由下而上地拍摄

生长在路边不起眼的罂粟花，若从其下方往上观察，你就会看到另一个美丽的世界。罂粟花向天空绽放的伸展感、透着日光的重重花瓣，露光闪烁的绒毛……

相机设置的乐趣

现在单反相机的性能都十分出色，用自动模式也能拍出漂亮的照片。但是，拍出的照片和自己预想的一样吗？只要熟悉了相机的特性，就能更加容易地拍出预想的照片。

根据不同的拍摄目标改变焦距

首先希望大家牢记，转动镜头变焦时焦距会发生改变，拍摄目标的大小也会随之变化。不仅如此，立体感与背景虚化程度也会发生变化。从下面的两张图就可以看出，使用广角端会使物体更具立体感，而使用长焦端则可减少变形。在拍摄料理和小物品时，没有扭曲变形的照片最适合还原拍摄目标本身。此外，焦距越大，虚化的面积也越大。

关于镜头的详细内容，会在P138进行说明。在拍摄过程中，请根据自己想要拍摄的物体来选择焦距范围和镜头。

运用广角端拍摄

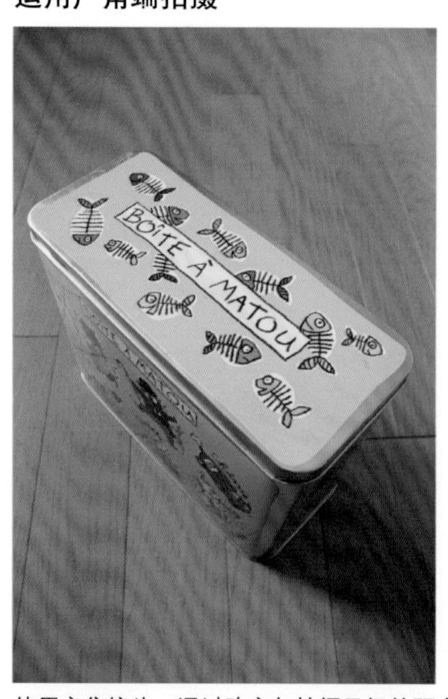

运用长焦端拍摄

使用变焦镜头，通过改变与拍摄目标的距离而进行拍摄。使用广角端时立体感增强，使用长焦端时则立体感减弱。

从自动拍摄模式升级

相机自动判断拍摄的照片并不一定就是自己所想要的照片。原本想拍摄明亮、色彩淡雅的照片，但使用自动模式是很难拍出的。究其原因，是因自动模式会判断最合适、不易失败的摄影设定，摄影者往往不能按照自己的需求改变设定。

摄影之所以被誉为取舍的艺术，是因为摄影者可以根据自己所要表达的意愿，自由选择拍摄目标与光圈、曝光等相机设置。能够按自己的意愿操作并摄影，这样的摄影体验才能变得更加充满乐趣。

全自动模式拍摄

全自动模式拍摄会通过闪光灯将昏暗的部分照亮，有时这样会使照片给人一种不自然的感觉。

拍摄柔美明亮的场景

想要拍出背景虚化、光线明亮的照片，可使用光圈优先AE调节虚化程度，并用曝光补偿使照片变得明亮。

使用不同架设方式

持机的时候，采用横向持机或者纵向持机所拍出的照片效果是不一样的。横向持机与纵向持机拍摄出的照片在传达图像的特征上有所不同。本节就介绍如何熟练地区别和使用持机方式，来拍摄你想要的照片。

横向构图稳定感强、纵向构图纵深感强

纵向构图比较适合展现事物向上的延展感与纵深感。而横向构图的照片上下宽度窄，人的视线容易被集中在拍摄目标上，画面中多余的事物就不会引起人的注意，所以常给人一种稳定的感觉。

自然持机时习惯使用横向构图，所以横向构图的照片就比较多。在寻觅到拍摄物体时，请尝试一下纵向构图，你会得到与横向构图完全不同的画面效果。

选择与自己预想合拍的持机方式，是考虑构图的开始。

横向持机

横向持机是容易展现画面张力与稳定感的持机方式。右图即制造留白，营造出广阔的意境。

纵向持机

纵向持机比较容易展现画面的纵深感以及向上延展的伸缩感。上图即表现出了通向观览车的小路强烈的纵深感。

尝试改变照片的纵横比

照片横向与纵向的比例被称为纵横比。单反相机的纵横比多为3:2，但最近能修改纵横比的相机也不断增多。纵横比变化了，照片效果也会产生变化。

通过纵横比改变画面给人的印象

佳能、尼康、宾得单反相机的纵横比为“3:2”，索尼为“4:3”和“16:9”，奥品巴斯和松下则采用“4:3”、“3:2”、“16:9”、“6:6”（机种不同纵横比也略有不同）。

变更纵横比，则拍摄目标与留白的平衡也发现变化，最终导致画面给人的印象也不同。

纵横比的变更

上图为奥林巴斯PEN的纵横比变更画面。根据所选择的纵横比，画面会按“4:3”、“3:2”、“16:9”、“6:6”的比例显示。

3:2

“3:2”纵横比是由35mm胶卷遗留下来的纵横比，也被现今多数单反相机所采用。因为接近黄金比例（约1:1.6）且横向尺寸长，适合拍摄多要素构成的照片。

4:3

4:3是奥林巴斯和松下使用的标准纵横比，也应用于小型数码相机。该纵横比的优点是画面平衡且稳定，适合活用留白的构图。

16:9

16:9是横向较长的纵横比，也渐渐成为电视画面的普遍比例。横向较长造成了主体摆放的困难性，但比较适合拍摄风景等全景画。

6:6（1:1）

双镜头反光相机与胶卷相机所采用的呈正方形的纵横比，具有易于控制留白的优点，若拍摄到位则可以给人一种平稳的视觉效果。这也是现在颇为流行的纵横比。

通过光照方向改变画面效果

光影是表现拍摄目标的重要要素。光影的面积比例随着光照的不同而改变。光影不仅仅影响着事物的立体感，同时也影响整个画面效果。所以，应该仔细研究一下光线。

通过光与影的面积改变画面的立体感

光线照射的角度不同，照片给人的印象也不同。对拍摄目标而言，从正面照射过来的“顺光”易于如实表现事物的色彩与形状，但难以形成影子，立体感不突出。从旁边照射过来的“侧光”会使物体的光影对比与立体感强烈，给人更深刻的印象。从斜面照射过来的“斜顺光”的光影比例平衡，能刻画出事物真实的色彩、形状与质感，并易于表现立体感，适用于多数拍摄场景。

从拍摄目标后方照射过来的“逆光”会使背景和拍摄目标的对比过于强烈，物体本身会比较暗淡。在逆光下使用“曝光补偿”，就能将物体变亮从而形成强烈的对比，给人一种戏剧性的视觉印象。拍摄人物照片和料理照片时，多是选择逆光，但需采用曝光补偿和反光板的组合。

光照方向的种类

根据照射物体的方向，光线可分为“顺光”、“斜顺光”、“侧光”、“逆光”。
如右图所示，影子的形成随着光线的朝向而发生变化。

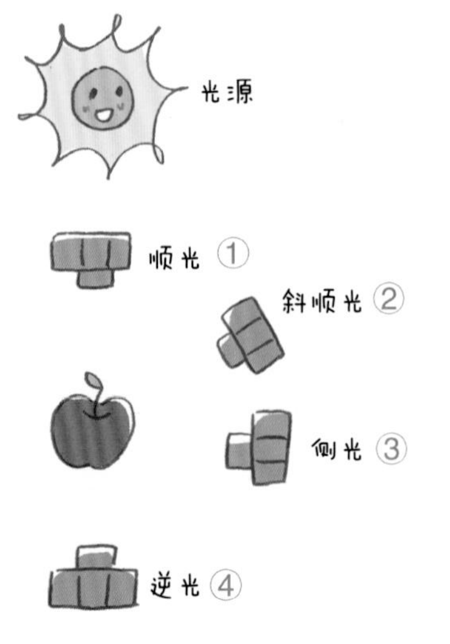

①

顺光

拍摄目标的色彩与形状被如实展现。但由于影子在物体的后面，所以立体感弱，给人一种生硬的印象。

②

斜顺光

明亮部分的面积较多，阴影自然，能非常平衡地表现物体的形状、色彩以及立体感，比较完美的视觉效果。

③

侧光

光和影的面积被一分为二，对比强，给人一种强烈的视觉冲击力。

④

逆光

因为光线从物体背后照射过来，所以在面前形成影子，拍摄目标整体显得暗淡。而也正因为被摄体与背景的对比极强，在这基础上加以利用曝光补偿等方式便可以营造出具有戏剧感的效果。

侧光强调立体感，逆光营造戏剧效果

正如前面所说，由于光线的朝向不同事物所展现的形象也不同。在此就举个具体的例子进行说明。

以顺光下仰视进行拍摄为例。包括背景在内的整体景物因为受到闪光灯的补光，所以其成像效果缺乏立体感。但顺光对于如实展现整体景物大有益处并且还具有加深天空蓝色的特性。因此，像海报一类的风景照多是在顺光情况下进行拍摄。

右页的上图是在侧光时拍摄的。横向的光线更容易表现出树干与柱子等事物的立体感。同时，将影子拉长也是侧光独有的特点。

逆光会使照片呈现强烈的对比，背光处的部分会变得更暗，所以不适合用于写实摄影。但逆光下拍摄多能表现出戏剧性效果，故多使用于拍摄注重突出意境的照片。

顺光 在住宅区的街道上拍摄迟开的花。为了使画面整体具有光亮感与柔美感，使用+0.7EV的曝光补偿。作为背景的蓝天因为顺光的缘故而更显蔚蓝，成为画面的亮点。

侧光　拍摄上午的阳光。这张照片使用+2.0EV的曝光补偿，使画面呈现斑驳的感觉。

逆光　逆光拍摄的画面。透过枝叶间隙照射进来的阳光在画面中划出一道道美丽的射线。为了突出画面中的轮廓，拍摄时采用了-0.7EV的曝光补偿。虽然使树木变得难以辨别，但却拍出了一张令人印象深刻的照片。

静物照片的光照

我想有很多人都热衷于拍摄美味的料理和可爱的小商品等静物照片。在本节我将为大家解说如何巧妙借助光照拍出漂亮的静物照片。

使用反光板控制光照

静物照片要在柔和的自然光下拍摄。自然光下照片的色彩趋于暖色调。同时，因为在柔和的光线下进行拍摄，影子会变得较弱，可以将拍摄目标完美地衬托出来。所以，拉上网眼窗帘的窗户边上，是比较受推崇的拍摄场所。房间的灯光会产生非自然色调的光线，所以要把房间的灯关掉。

适合拍摄静物照片的光线

在能够照射进充足自然光的窗户上拉上网眼窗帘将光线柔化。同时使用反光板，用反射光线进行补光，这样就能拍出明亮且漂亮的拍摄目标。

手工制作简易反光板

上图的反光板是用彩纸粘贴而成。因为彩纸所使用的纸质具有适度的反射率，适合制作反光板。

图中被摄体的左后方是窗户，半背光状态下配合前方设置的反光板而拍摄出的照片。由于从窗户射入的光线十分充足，室内明亮，不用曝光补偿也能拍出明亮的照片。

相机：佳能EOS 550D
镜头：EF-S 18-55mm F3.5-5.6 IS
焦距：53mm（等效85mm）
摄影模式：光圈优先AE（F8、1/25秒）
感光度：ISO 100
白平衡：自动

构图才是时尚照片的决定性因素

根据拍摄目标在画面中所处的位置，其展现形式也大有不同。要想拍出具有艺术感的照片，不仅仅要在拍摄目标上下工夫，也要善于处理留白。下面，就让我们巧妙地利用构图让照片更加富有艺术感吧。

从平衡性出众的三分法构图开始

长期以来，“圆形构图”被作为不良构图法的代表，是因为其在拍照时不加思考地将拍摄目标放置于画面的中央位置。这样的构图会无法避免地将周围多余的事物带入画面，拍摄目标的大小也变得模糊不清，最终导致摄影的表现意图无法得到传达。这种有意识地将拍摄目标放置于画面中央位置的圆形构图，通常只适合需要强烈展示拍摄目标的情形下使用。

而一直以来作为最佳构图而闻名的“三分法构图”是指将画面等分为三份，每一份都可以放置拍摄目标。作为构图意识的训练，首先必须从三分法构图开始。

关于构图虽然有许多种理论原则，但也有不少的例外。最好的方法就是将理论视为启发，将拍摄目标放置到你认为最合适的位置。

圆形构图的成功例子

将美丽绽放的玫瑰放置在画面中心，虚化背景，突出玫瑰花的细节。这种从正上方俯视拍摄的方式，营造出了玫瑰宛若浮于纸上的意境。

将AF框三等分

多数单反相机的AF框都设置为接近三分法构图的模式。以AF框为基准放置拍摄目标，自然而然就成为了三分法构图。

该照片就是将拍摄目标放置于三分线上。在拍摄人物时，顺着其视线的方向制造留白，就能保证整张画面的平衡感。

增大留白

有时特意保留大面积的留白，可以使画面产生一种空间感，显得更具有艺术气息。在这张照片里，原本作为主体的拍摄目标却被视为画面整体中的一个要素，特意将其缩小。同时，为了统一画面整体的色调将其设为绿色系，以此来突出穿着红色上衣的男孩。

变换拍摄角度改变画面效果

所谓拍摄角度，是指拍摄时视线的不同高度。同一个拍摄目标，从上面、正面以及下面等不同位置观察，事物所展现出来的形象也会不同。下面，就让我们从各个不同的位置进行观察、拍摄。

距离目标物体越近画面的透视效果越明显

使用与拍摄目标等高的“角度”是很难形成上下的立体感，从而给人一种亲近感与安心感。所以多采用这种视角拍摄儿童与宠物。

使用比视线更高的“高角度”与低位的“低角度”时物体就形成角度，越接近拍摄目标，这种空间感就越强烈。而广角镜头比长焦镜头更能表现立体感。

从上方拍摄即高角度，从下方拍摄即低角度，与事物视线等高的角度被称为视线角度。

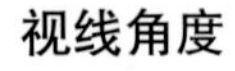

物体的形状被如实地展现。在儿童摄影中，视线角度是最基本的。

高角度

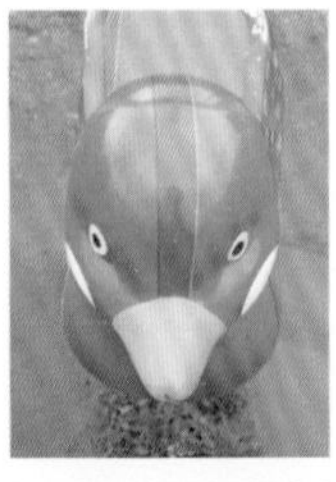

在近距离采用高角度拍摄时面部会产生夸张的艺术变形，变得可爱动人。

低视角

此角度多使用于表达事物决心与坚定信念，营造冲击感和压迫感。

让小狗坐在石头墙上，从下方进行拍摄。虽然是只身形袖珍的小狗，却也拍出了冲击力十足的照片。澄澈如洗的蓝天也是颇具效果。

相机：尼康D80
镜头：AF-S DX VR 18-200mm F3.5-5.6G
焦距：34mm（等效51mm）
摄影模式：光圈优先AE
曝光补偿：-0.3EV补偿（F11、1/320秒）
感光度：ISO160
白平衡：自动

画面中物品的主次

拍摄目标是摄影中的主角，如果在画面中放置能够烘托主体的陪体，就能更加完美地展现主体的魅力。下面，就让我们一起思考主体与陪体摆放的学问吧。

喧宾夺主是大忌

摄影时必须考虑主体和陪体之间的平衡来决定构图。在展现整个主体时，周围的留白有时会显得单调。这种情况下，可以放置与主体相关的陪体。

但是陪体终归是陪体，决不能喧宾夺主，如果陪体过多的话，主体就会被掩盖。因此，陪体的摆放也同样需要考虑，如虚化陪体线条以突出主体、将陪体放置于主体后面等。

单个主体

上图为单个蛋糕的照片。照片拍得不错，但缺少下午茶应有的愉悦感。

多个陪体

这张照片虽然添加了陪体，但是由于陪体的数量过多，反而使主体被掩盖。

上图是搭配了红茶和叉子而拍摄的。该照片对拍摄目标进行特写的同时，在背景处放置具有下午茶风味的陪体，使作为主体的蛋糕显得更加美味诱人。

相机：佳能EOS 550D
镜头：EF50mm F1.8 II
焦距：50mm（等效80mm）
拍摄模式：光圈优先AE
曝光补偿：+1.0EV（F4.5、1/80秒）
感光度：ISO 200
WB（白平衡）：自动

曝光的基础知识

曝光是指相机感应光线数量的多少。提高曝光值，拍出来的照片就显得明亮，反之则变得灰暗。因此，曝光对最终的成像有着重要的影响。

曝光取决于光圈、快门速度、ISO感光度

曝光是相机所感应光线的数量，是由光圈、快门速度、ISO感光度这三个要素所决定。为了更容易理解，这里以往杯中盛水来举例。光圈相当于从水龙头流出的水量，快门速度就是水龙头开着的时间。ISO感光度是杯子的容积。将水龙头开大，杯子短时间内就能盛满水。如果水龙头开得较小，则需要等待较长的时间。日常拍摄时我们无需在意这些，是因为相机已经为我们自动调整好了。此外，曝光之所以如此重要，不仅仅体现在感光量上，光圈与快门速度还影响着成像效果（请各参照P114、P118）。

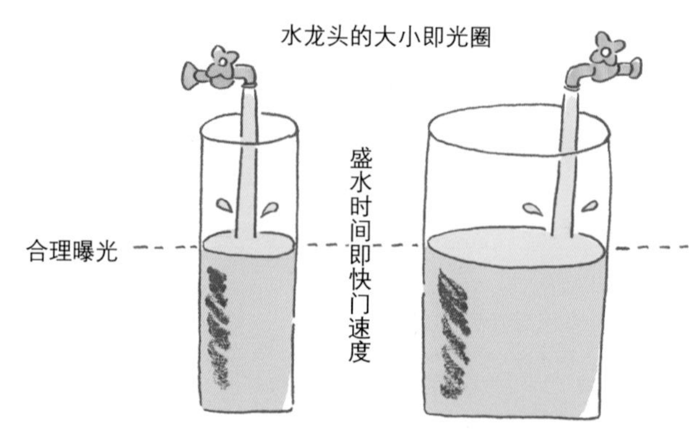

以水为例说明曝光。光圈是水龙头的打开的大小（即水龙头流水的量），快门速度是水龙头打开的时间，ISO感光度是容器的大小。不仅仅是单反相机，这个原理也同样适用于胶片相机与摄影机。

增加曝光量

增加曝光量，照片就显得明亮。但过度曝光会使画面上的白色部分（飞白）过多。除非是特意追求这种效果的照片，不然就成为了“曝光过度”的失败之作。如果是采用全自动等模式拍摄，基本不会拍出这样泛白的照片。

减少曝光量

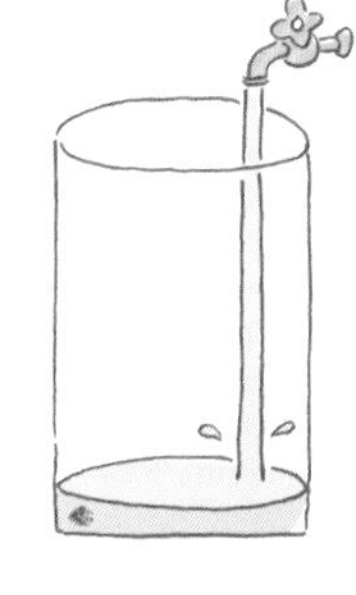

减少曝光量，照片就显得昏暗。过度减弱曝光会使画面显得漆黑一团，这样的照片也是失败的。“曝光不足”并不是意味着失败，通常是作为减少曝光值的意思而使用。这张照片就是经过减少曝光补偿后使画面变得漆黑。

使用曝光补偿对画面的明暗进行调节

曝光补偿用于调节照片的亮度，不仅仅只用于调节拍摄目标的亮度，也可以借助它以自己偏爱的亮度来摄影。曝光补偿是关系照片成像效果的基本操作。

将明暗调节至合适的程度

通常拍摄情况下，相机是自动决定曝光值的。所以，在背景明亮或逆光时，大量的光线涌入相机，相机会自动降低曝光值，作为主体的拍摄目标就会显得暗淡。此时，通过曝光补偿将亮度调节到一个合适的明亮度。

另一方面，拍摄傍晚等光线昏暗的场景时，使用标准曝光有时会使照片过于明

曝光补偿的操作

通常是一边按着曝光补偿按钮一边旋转拨轮来实现曝光补偿的操作。

曝光补偿的显示

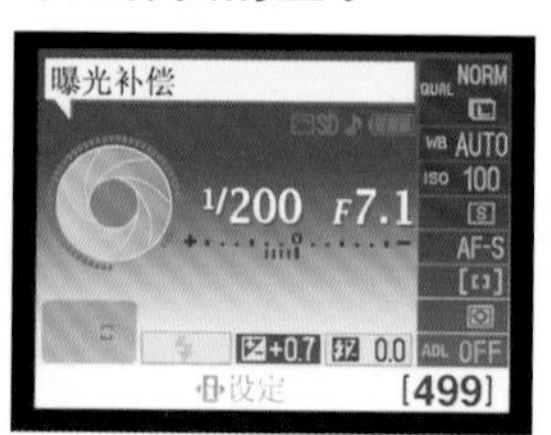

进行曝光补偿的时候，监视器和取景器内会显示上图内容。

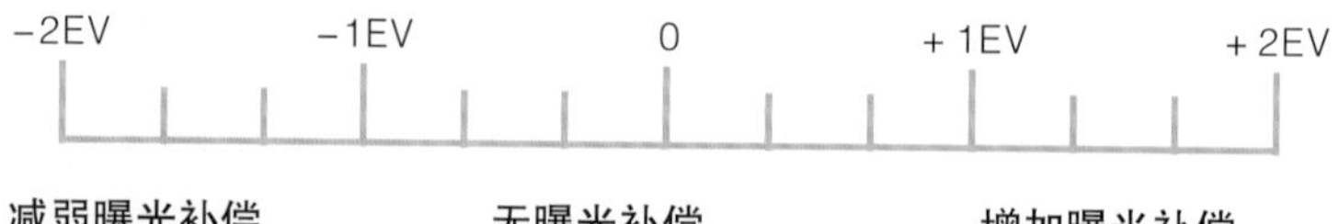

减弱曝光补偿

无曝光补偿

增加曝光补偿

曝光补偿以“EV”作为标记单位，也可简称“级”。所谓无曝光补偿，即相机通过自我判断而进行的正常曝光。“+1EV”表示摄入的光线量为正常曝光时的2倍，同理“-1EV”即为1/2。通常情况下是以“1/3EV”为单位进行操作。本书将“1/3EV”表记为“0.3EV”，“2/3EV”表记为“0.7EV”。

亮。这个时候就要通过曝光补偿将画面调暗。

曝光补偿是使用频率非常高的功能。许多相机虽然无法实现一边按着“曝光补偿按钮”一边旋转拨轮的操作，但也在十分便利的操作位置设置了按钮。

逆光

正常曝光

曝光补偿（+1.7EV）

逆光时周围的背景明亮，主体就容易显得暗淡。这种情况下使用增加曝光补偿使照片变得明亮。上图即使用了+1.7EV的曝光补偿。

傍晚的风景

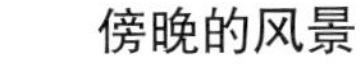

正常曝光

曝光补偿（–0.7EV）

虽然不是夜景，却如傍晚一样整体偏暗的场景。使用自动曝光拍出的照片往往会偏白，所以使用减弱曝光补偿将照片做变暗处理。

结合自己脑海中的构想进行曝光补偿

正如上节所介绍的，曝光补偿通常是将照片的亮度调节到与肉眼所看到的相接近的亮度。其实，根据自己的偏好变更曝光补偿值也是可以的。请尽情地尝试变更曝光补偿值吧。

保证画面明暗效果的曝光程度

相机自我判断的正常曝光，是不会失败的曝光，因为相机会自动控制曝光值以防止画面偏白或偏黑。但事实上，往往自己所构想的照片效果与相机正常曝光所拍出的效果有很大的出入。所以对摄影渐渐上手后，通常会采用或多或少的曝光补偿。

请尽情地根据自身需要来变更曝光补偿值吧！想要明艳鲜亮的照片，就增加曝光补偿；想要照片带有厚重感，就减弱曝光补偿。

晴空

曝光补偿（+0.7EV）

拍摄广阔天空的照片常会出现亮度较低的问题，当然这是为了使白云不会过亮的拍摄手法。进行曝光补偿后，云会显得更通透，但若要突出天空的蓝色，控制曝光度就成了关键。请根据个人喜好对以上技巧进行采纳。

静物照片

曝光补偿（+0.7EV）

静物照片力求明艳鲜亮。叶子的绿色容易显得暗淡，使用增加曝光补偿能起到良好的调节效果。

夕阳风景

曝光补偿（–0.7EV）

亮度时刻都在变化的傍晚风景，根据曝光的手法不同，所呈现出的意境也不同。若要展示风景可以提高曝光值，反之，若要突出厚重感与冲击力，可通过减弱曝光补偿拍出昏暗的照片。

使用光圈控制画面虚化的强弱

为突出主体，拍照时多采用背景虚化的方式。若要照顾整体画面，则需深度对焦。背景虚化是照片成像的重要手法之一。

拍摄范围的深度就是焦点的厚度

在摄影过程中，囊括在焦点范围内的事物成像清晰，而脱离焦点的事物其成像便模糊。因此，若要对背景虚化，可将焦距拉近（即缩小焦点成像的范围）。这个焦点的远近就被称为景深。景深是由光圈、焦距及摄影距离这3个要素所决定的。而在不改变构图的情形下只有光圈值可以变动。所以，在虚化操作中往往是对光圈值进行变更。

如F2、F5.6，光圈值由字母“F”后跟随的数值所表示。数值小，光圈的开合就大，虚化效果就越明显。此外，正如同镜头上所标记的“F3.5-5.6”等所表示的一样，该数值表示光圈开放程度（即光圈展开的最大状态），即开放程度不能超过开放值。

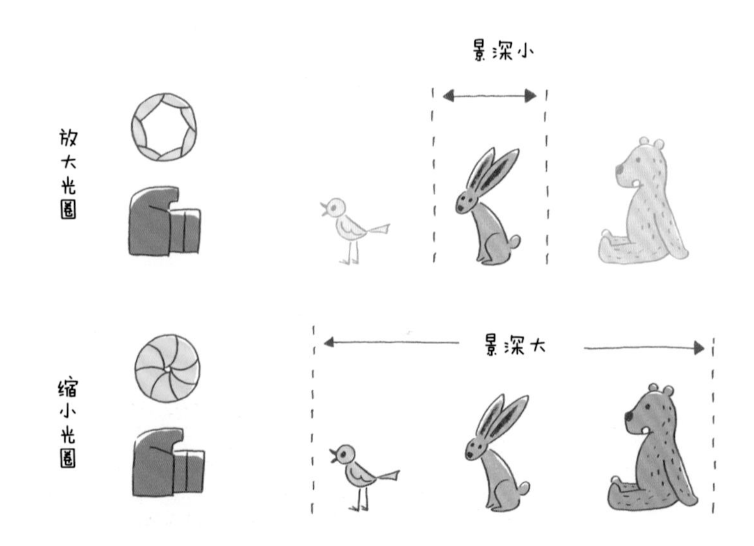

光圈值越大，则景深越小，反之光圈值越小，则景深越大，包括背景在内都能清晰地成像。光圈全开的状态被称为“最大光圈”，根据镜头的不同光圈的开放值也不尽相同。

大光圈（F1.4）

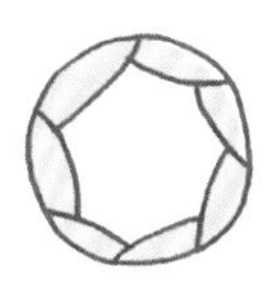

使用成像明亮的定焦镜头进行拍摄。将光圈完全开放，则景深就变得极小。上图中只有红椒的一小部分在景深内，而小西红柿则全部被虚化。这种成像方式有助于突出主体。

小光圈（F22）

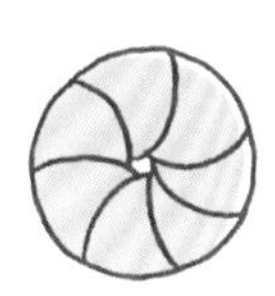

采用同上图一样的构图方式，用F22小光圈进行拍摄。处于后面的小西红柿也完全处于景深之内。若遇到需要完全展现各个拍摄物体的场景，推荐使用较小光圈的拍摄方法。

光圈优先AE模式的操作

对光圈进行操作时，不仅是虚化效果，照片的明暗也会受到影响，这就对摄影造成了一定技术上的困难。所以推荐使用配合光圈值自动变化快门速度并能保持亮度平衡的“光圈优先AE”（上手后亦可使用手动曝光）。将模式转盘旋转至“A”或“Av”，然后旋转拨轮就能调节光圈值。这里需要提醒的是，光圈值的大小与快门速度成反比，如光圈值变小，则快门速度就变慢，这时要注意手抖的问题。

各个相机的光圈优先AE模式

佳能EOS 550D

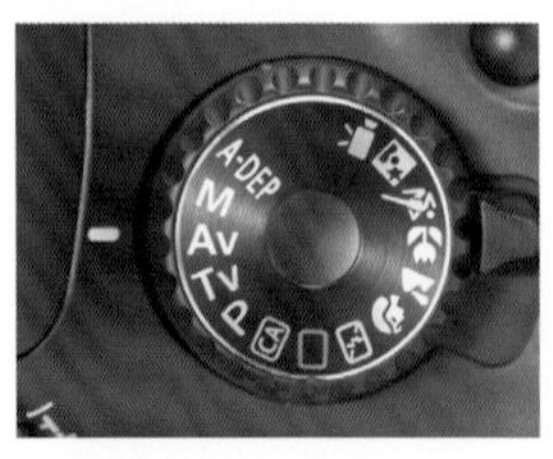

佳能相机的光圈优先AE模式是转盘中的“Av”。快门附近的拨轮是用来调节光圈值。

尼康 D5000

尼康相机的光圈优先AE模式是转盘中的“A”。在相机背面设有光圈调节的拨轮。

索尼α330

索尼相机的光圈优先AE模式是转盘中的“A”。调节光圈值的拨轮在快门键下方。

宾得 K-x

宾得相机的光圈优先AE模式是转盘中的“Av”。附注：“Av”是“Aperture Value”的缩写。

奥林巴斯E-PLI

奥林巴斯相机的光圈优先AE模式是转盘中的“A”。E-PLI没有拨轮用于修改光圈值，采用的是十字键。

松下DMC-G2

松下相机的光圈优先AE模式是转盘中的“A”。DMC-G2的背后设有调节光圈值的拨轮。

上图是采用光圈优先AE并尽可能增大光圈进行拍摄。儿童左眼的眉毛在景深内被清晰得展现，而右眼则逐渐虚化。这样采用小景深来增强虚化效果，照片整体给人一种柔美感。

相机：佳能EOS 550D
镜头：EF50mm F1.4 USM
焦距：50mm（等效80mm）
摄影模式：光圈优先AE
曝光补偿：+0.7EV（F1.6、1/250秒）
感光度：ISO200
WB（白平衡）：自动

通过快门速度来表现时间

光圈优先AE控制背景虚化，而快门优先AE则能够把握照片中的时间感，能捕捉事物瞬间的运动，也能描绘时间运动的轨迹，捕捉到人类肉眼所看不到的景象。

静止拍摄与运动拍摄

快门速度是指快门开启时间的长短。使用长时间（慢）快门速度拍摄静止物体是没有问题的，但是用来拍摄运动的物体就容易模糊。反之，若使用短时间（快）快门速度，运动的物体也能拍摄成静止状态。这正是快门速度的使用方法。

同光圈一样，相机都设有配合快门速度自动调整曝光值的“快门速度优先AE”。这种模式十分便于拍摄运动物体。

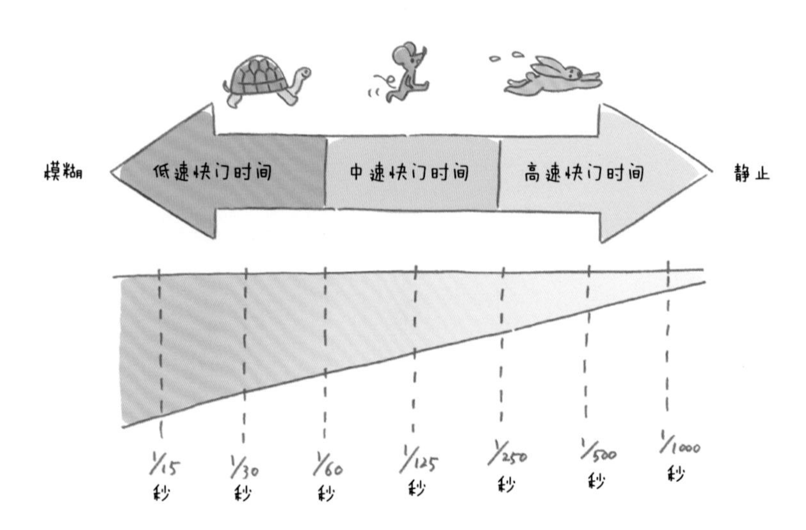

表现运动的物体需要设定高速快门速度。要使奔跑中的人物静止于画面，大概需要1/500秒以上的高速快门时间。要拍摄河流与瀑布的柔美，大多使用1/4秒以下的低速快门时间。

各个相机的快门优先AE模式

佳能EOS 550D

尼康D5000

索尼α330

宾得 K-x

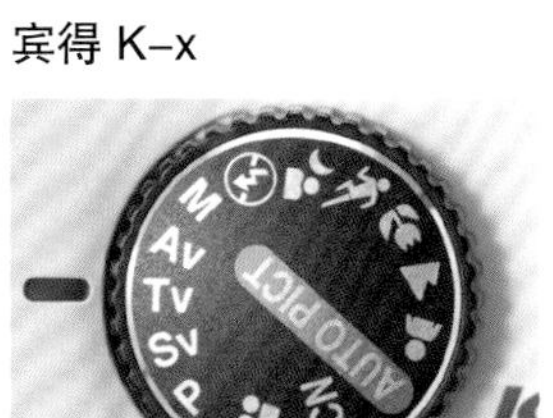

奥林巴斯 E-PLI

松下DMC-G2

快门时间=慢速（3秒）

快门时间=快速（1/320秒）

左边照片的快门速度也被称为一般快门速度。而右边的照片中，水流完全融合在一起，如同天鹅绒一般柔美，这就是慢速快门的表现力。

自动调节光圈和快门速度的“程序AE”模式

模式转盘上的“P”就是程序AE的意思。这是一种事先设定光圈值和快门速度的手动模式，便于拍摄快照。

自动模式与手动模式

相机的摄影模式可分为自动模式和手动模式两大类。自动模式即“AUTO”和风景模式等，手动模式即“P”、“S(Tv)”、“A(Av)”、“M”等模式。

自动模式的光圈值、快门速度、白平衡以及色彩设置等多由相机自动处理。在自动模式下，多数的相机不能进行曝光补偿。与此不同的，手动式能按照摄影者自身的要求设定上述各类参数。因为程序AE（P）已设定好光圈值和快门速度，这样就可以集中精力于按下快门的时机。同时该模式既是手动式，也能随意地进行曝光值与白平衡等参数的变更。

各个相机的程序AE模式

佳能EOS 550D

尼康D5000

索尼α330

宾得 K-x

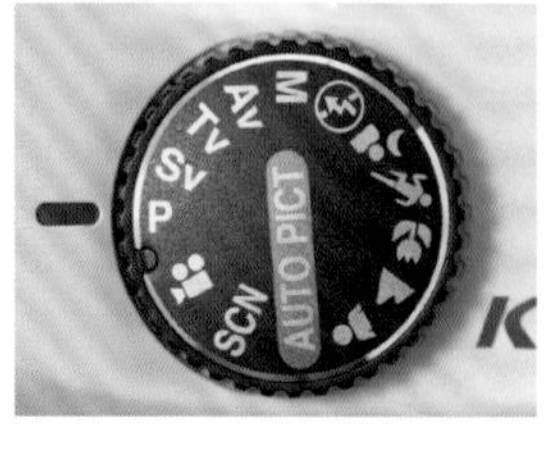

奥林巴斯 E-PLI

松下DMC-G2

在公园散步的时候，走在前面的情侣给人一种温馨浪漫的感觉，于是便用手中的相机抓拍下来。此处增大了曝光值，将道路处理成撒满阳光的效果。

相机：佳能EOS 550D
镜头：EF-S18-135 F3.5-5.6 IS
焦距：135mm（等效216mm）
摄影模式：光圈优先AE
曝光补偿：+1.3EV（F5.6、1/60秒）
感光度：ISO800
WB（白平衡）：日光

对焦位置决定画面的感觉

对于摄影来说，在何处对焦是非常重要的话题。对焦的位置稍有不同，往往就能拍出效果完全不同的照片。

对焦位置决定画面的主要物体

关于焦点的问题，与其长篇大论地解说不如看照片来得简单易懂。

左边的照片中，面前的冰激凌是主体，红茶与茶壶成为了烘托主体的陪体。然而，在右边的照片里，红茶成为了主体，冰激凌却成为了陪体。

在面前的冰激凌处对焦

在中间的红茶处对焦

在餐桌上摆放冰激凌与红茶进行摄影。仅仅由于焦点的位置不同主体就产生了变化。这两张照片均采用定焦镜头、光圈值F1.6拍摄而成。

这两张照片的构图与光圈值完全一致，但由于焦点位置的不同，其所表现的主体发生了变化。所以，焦点的位置是十分重要的。

入门级的单反相机一般有10个左右的自动对焦点（对焦的指示标志），初始设定时多默认为由相机自动判断设置自动对焦点。所以，有时候不在预想范围内的物体也会出乎意料地进入焦点的范围。因此，初学者即使不了解光圈值和景深，也应该学会判断在何处对焦，这样才能拍出更好的照片。

自动对焦点的移动（佳能EOS 550D）

以佳能EOS 550D为例，可以通过按下机身右肩部的“自动对焦框”按钮实现自动对焦点的移动。

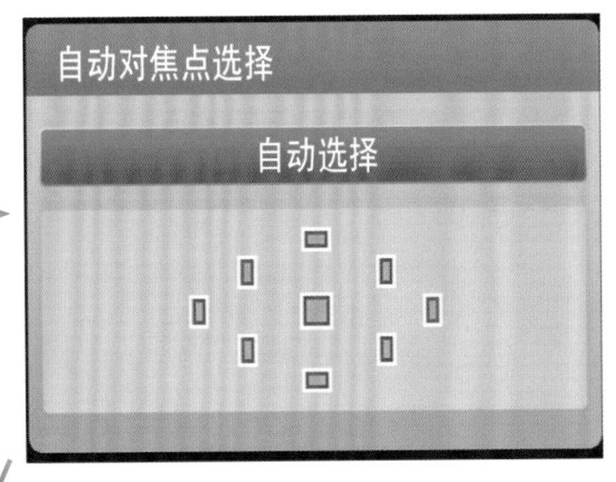

然后就能够移动自动对焦点。上图显示的是自动选择对焦点的状态。

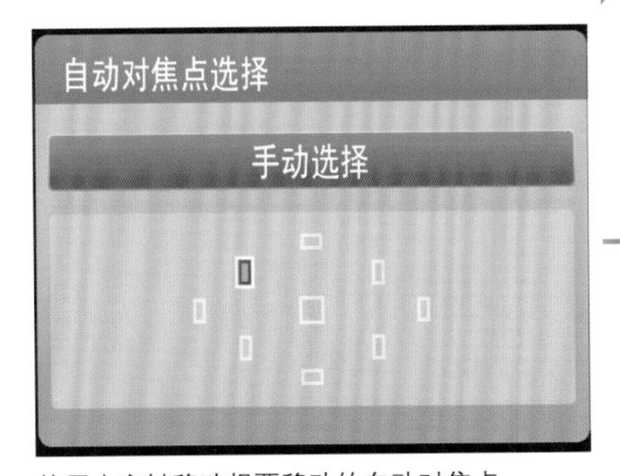

使用十字键移动想要移动的自动对焦点。

随后在取景器中确认焦点位置，按下快门键。

抓拍时要使用对焦锁定

如前所述，摄影时可以将自动对焦点移动到想要聚焦的位置。如果觉得一个一个地移动自动对焦点是件很麻烦的事情，可以尝试学习使用焦点锁定这一功能。

首先将自动对焦点固定在画面中央位置，然后半按快门对主体聚焦，同时移动相机调整构图进行摄影。这种方法在快速抓拍中较为常用。

需要提醒的是，使用三脚架进行拍摄时不适用此方法，只能老老实实地移动自动变焦点。

思考好摄影构图后，移动镜头使主体进入对焦框中央①，轻轻地按下快门（半按快门）对主体对焦②、移动相机调整构图③，然后按下快门进行摄影④。

通过显示屏进行放大显示

在实时取景时，对哪个地方进行对焦是件很费神的事情。这时我们可以在摄影时使用放大监视区域功能。使用该功能就能准确地进行对焦。

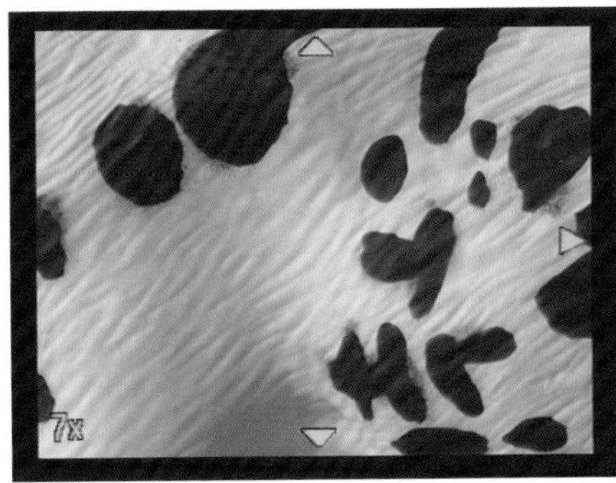

以奥林巴斯的E-PI为例，上图是实时取景的放大焦点的监视区域功能。通过放大局部，我们可以准确地进行对焦。

拍摄运动中的物体时使用连续自动对焦

在多数情况下，半按快门对焦时使用的是固定的单次自动对焦（如AF-S、One Shot AF等）。但是对于运动物体来说，往往焦点刚刚对好物体就移动出了拍摄范围。在这种情况下则要使用“连续自动对焦（AF-C、AI SERVO）”，在该模式下半按快门就能持续追踪运动物体。唯一遗憾的是相机不会发出“嘀嘀”的对焦声音。

佳能EOS 550D中的“ONE SHOT”模式即一般的单次自动对焦模式。

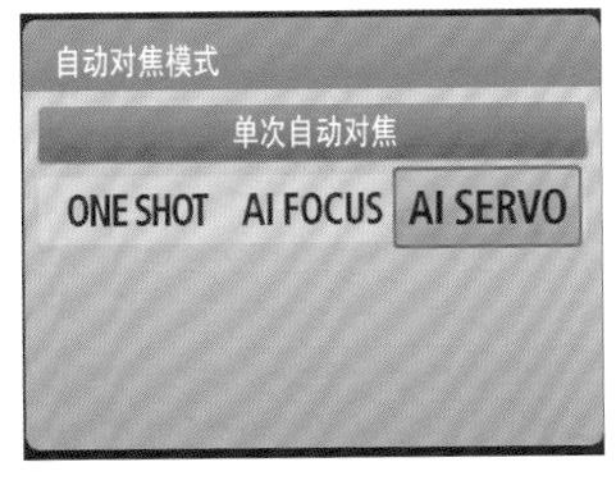

切换到“AI SERVO”后就可以在对焦后也能继续追踪运动物体。

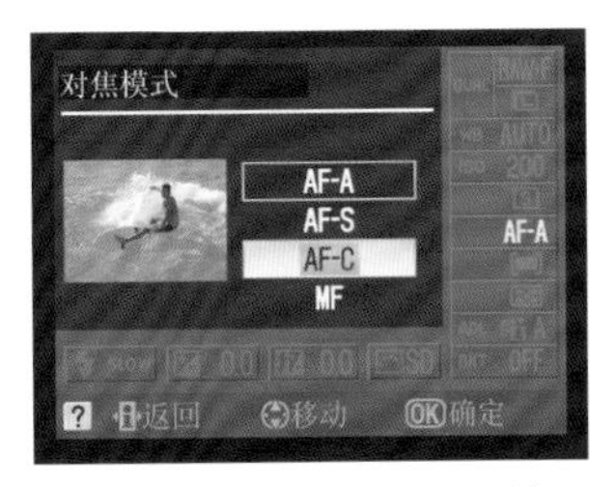

上图为D5000的对焦模式切换界面。“AF-C”为连续自动对焦模式。

能够改变画面颜色的白平衡

变更白平衡会为照片增添额外的色彩，产生与实际效果不同的情调。下面就根据自己的想法，享受多变色彩的乐趣吧。

冷艳的蓝色系与怀旧的琥珀色系

白平衡是作为补偿光的色调，将画面调整为正常色彩的功能。虽然近几年来自动白平衡“AWB”的功能逐渐完善，但却越来越不被人们使用，追求别样色彩的摄影爱好者正不断增加。

比如在阴天时，光线就显得偏蓝。这时若使用白平衡“阴天”模式，相机就会自动增添黄色（红色），将整体色调恢复正常。也就是说，如果在非阴天的普通场景下使用白平衡“阴天”，就会拍出色调偏黄、充满怀旧情调的照片。

色温

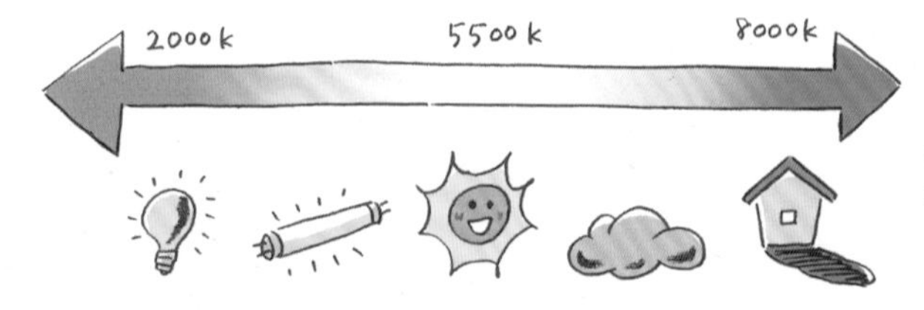

光是有颜色的。之所以我们平常感觉不到，是因为我们的大脑自动进行了补正。同样的道理，在相机内部进行补正的便是所谓的自动白平衡。

白平衡的变更

左图是白平衡的切换界面（佳能EOS 550D）。日常使用时采用自动（AWB）即可，偶尔变更一下却也是乐趣十足。
要使照片成像偏蓝色系的色调，选择“白炽灯”，若要画面呈现琥珀色系的色调，则可选择“阴天”、“阴影”。

使用白平衡“阴天”拍摄

使用白平衡“阴天”拍出的照片，画面整体给人一种淡黄色怀旧的气息。

使用白平衡“白炽灯”拍摄

使用白平衡“白炽灯”拍出的照片，画面整体倾向于蓝色调。因为白炽灯是红光，所以该白平衡就为画面添加了相反色调的色彩。

对应高级用户的彩色模式

单反相机拥有“艳丽”、“标准”等改变画面的色彩模式。如果对画面有更高的要求，可以尝试使用色彩模式。

主要变更画面的饱和度和对比度

色彩模式因相机而异，但多数相机除了拥有“艳丽”、“标准”等模式以外，还带有以拍摄物体为匹配对象的“风光”、“人像”等模式。

这些模式的差异主要体现在色彩饱和度与对比度上。以“艳丽”与“风光”为例，其成像色彩鲜艳，对比度强。“标准”则给人一种沉稳的感觉。“人像”则略有不同，具有美化皮肤色彩的效果。

色彩模式还附有调节功能，即能根据个人喜好变更色彩饱和度与对比度。但是变更的幅度是非常微妙的，往往一个百分

佳能EOS 550D

照片风格	◐,◐,♣,◑
S 标准	3,0,0,0
P 人像	2,0,0,0
L 风光	4,0,0,0
N 中性	0,0,0,0
F 可靠设置	0,0,0,0
M 单色	3,0,N,N
DISP. 详细设定	SET OK

佳能的色彩模式叫做“照片风格”。上图是可微调的菜单选项。但如果是单纯进行色彩模式的切换则不会显示信息画面。

尼康 D5000

尼康的色彩模式叫做“优化校准”。“SD”是标准、“NL”是自然、“VI”是艳丽等，同样也可以进行参数微调。

比的变化用肉眼是观察不出来的。如果能够准确地分别出其中的区别，就说明你已经是摄影高手了。

索尼α330

索尼的色彩模式叫做“创意风格”。索尼α300有7种色彩模式可选，而高端机型的索尼α900则有13种色彩模式。

宾得 K-x

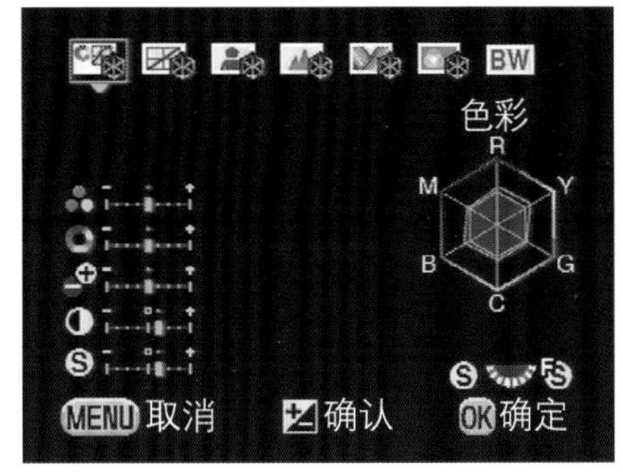

宾得K-x的色彩模式叫做“照片润饰”。除了“风景”、“自然”外，还带有宾得独有的“风雅”模式。

奥林巴斯 E-PLI

奥林巴斯的色彩模式叫做“润饰”。除了“艳丽”外，奥林巴斯E-PLI和E-P2还配有新的“I-FINISH”模式，能够自动判断并能再现拍摄时的记忆颜色。

松下 DMC-GF1

松下的色彩模式叫做“胶卷模式”。参数调整中包含降噪及多种黑白模式。

享受黑白照片的乐趣

黑白摄影是指仅用黑白两种色调来表现被摄主体的摄影方式。习以为常的世界失去了原有的色彩反而看起来更新鲜了，黑白摄影具有与彩色摄影截然不同的乐趣，值得一试。

在彩色模式下拍摄黑白照片

黑白照片中没有过多的色彩来干扰视觉，使拍摄目标的柔和度以及层次感更容易得到细致地体现。至今为止，执着于黑白摄影的摄影师并不在少数。

若要用单反相机进行黑白摄影的话，只要对色彩模式进行黑白设定即可。在标准状态下，大多只能拍摄出反差值（明暗对比度）较小的黑白照片。若想明暗对比度更强一点，可以试着使用调整功能中的“对比”。

另外，黑白照片也不仅仅是单纯的黑白，使用“色调”的功能还可以加入淡淡的黄褐色或者蓝色，拍出来的效果也很不错。

色彩模式：黑白

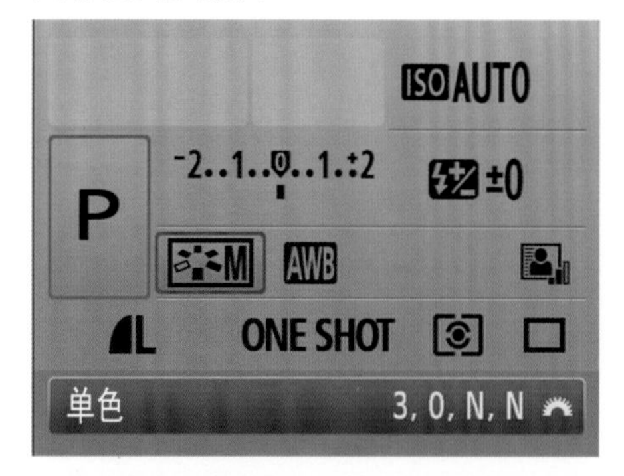

将色彩模式切换为黑白，就可以进行黑白摄影了。上图为佳能EOS 550D的显示界面。

调整功能

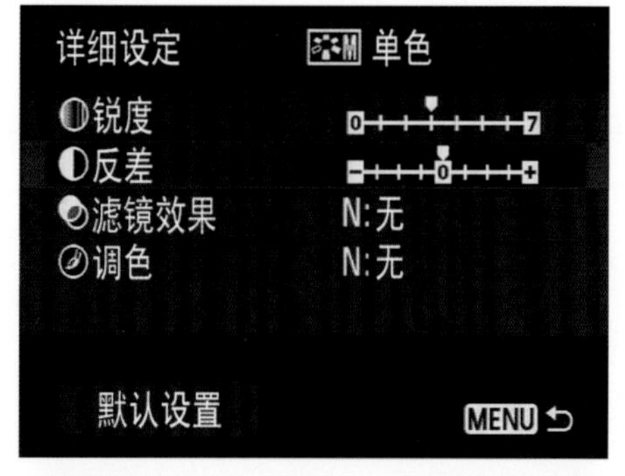

使用调整功能中的“反差”，可以调节照片的明暗对比度。而“色调”功能可以增加照片的色彩。

黑白摄影

该图是用佳能EOS 550D拍摄的黑白照片。因为稍微增加了曝光补偿，使照片显得明亮许多，其他依旧是标准状态，这样展现在眼前的就是一张色调柔和、层次感丰富的照片。

运用色调为黑白照片点缀色彩

该图是用奥林巴斯E-PI拍摄而成的。使用“色调”功能加入点绿色，拍摄出一张颇具梦幻效果的照片。

效果出众的“照片怀旧颗粒效果”

以小巧可爱赢得高人气的奥林巴斯PEN系列相机，其“艺术滤镜功能”（详见P64）操作简单，拍摄者可以轻松地拍摄出理想的效果。

相机中的“照片怀旧颗粒效果”功能，可以拍摄出对比度较高、粒子粗犷的黑白照片。即使是普通场景或平常的小物件也可以拍成艺术的作品。

熟练掌握的要点是要多进行曝光补偿。由于黑与白是色彩分明的两种极端，如能充分考虑如何处理其衔接处的亮度，可拍摄出更好的黑白照片。

艺术滤镜功能：照片怀旧颗粒效果

将模式转盘调至艺术滤镜功能处，在菜单中选择“照片怀旧颗粒效果”即可。

也可运用于静物照片

不论何种场合，使用照片怀旧颗粒效果功能都能拍出艺术般的效果。该图进行了-1EV的曝光补偿。

上图这种景观即使是用普通的拍摄方法也能达到打动人心的效果，但是若使用“照片怀旧颗粒效果”功能可以给人以更深刻的印象。如果起雾的话，还会产生光晕的效果。

相机：奥林巴斯E-PI
镜头：17mm F2.8
焦距：17mm（等效34mm）
摄影模式：艺术滤镜（照片怀旧颗粒效果）
曝光补偿：-0.7EV（F2.8、1/25秒）
感光度：ISO640

手抖和拍摄目标抖动

照片晃动是摄影的大忌。原本不错的照片，因为出现晃动可能就作废了。但也不排除有好作品，由于拍摄目标体的晃动而使其形象更丰满的情况也不少。

不能过分依赖防抖功能

拍摄时手抖导致的画面整体模糊是摄影失败的典型。为了防止手抖，相机中会搭载防抖功能。佳能、尼康的防抖功能是设计在镜头上，而其他相机一般设置在机身内，手持摄影时只要按下“ON”即可。但是防抖功能毕竟有一定的局限性，并不能完全预防手抖，所以还是要把相机拿好。

除了手抖外，还有一种抖动是被摄主体自身的抖动。拍摄时被摄瞬间抖动有时也会达到良好的效果，展现出其动态的神韵。

镜头端的防抖功能

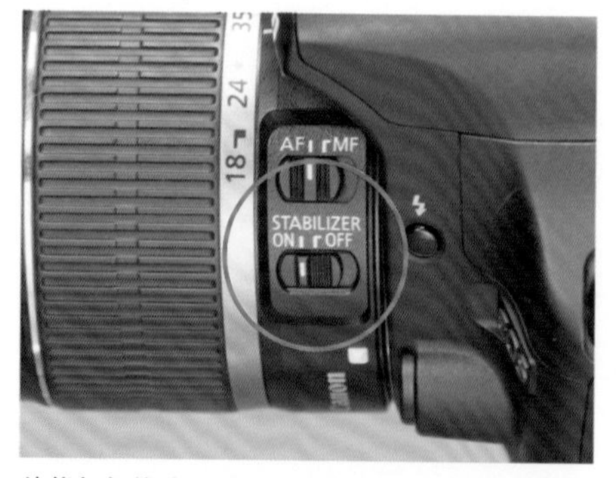

佳能相机镜头上的“STABILIZER”和尼康相机镜头上的“VR”按键就是防抖功能的开关。

机身内置防抖功能

机身内置的防抖功能是通过切换菜单中的“ON”与“OFF”来实现的。该图就是宾得K-x的菜单。

画面整体模糊失败的例子（手抖）

该图在拍摄时由于手抖导致了画面整体模糊，是张失败的照片。

画面部分模糊失败的例子（目标抖动）

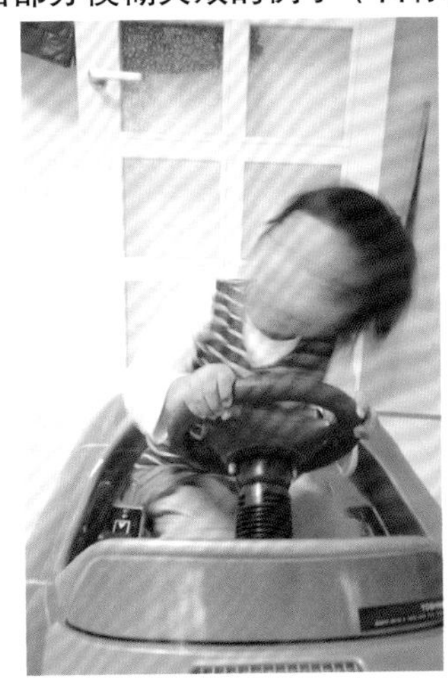

该图在拍摄时，孩子头部晃动导致孩子的影像模糊而背景清晰，也是张失败的照片。

拍摄目标晃动的成功例子

该图将厨房的状况清晰地表达出来，拍摄时正在烹饪的被摄人物晃动，是一张生动描写场景氛围的好照片。这种手法常在室内设计杂志和生活杂志等图像剪辑中被使用。

专栏

4

学会挑选照片是提升摄影水平的途径

把拍好的照片复制到电脑上后就一劳永逸了吗?

仔细地浏览拍好的每张照片，对其进行归类，分别放入成功与失败两个文件夹中，这样简单的操作就能让摄影的技术有所进步。在区分照片好坏之际，自己就会开始思考照片成功与否的原因。仔细观察照片时会发现各种问题。例如拍摄时不小心拍到多余的物体或者光线、构图的不足之处。通过对拍好的照片进行分析并在下次拍摄中进一步实践，你的摄影技巧会越来越好。

刚开始时放入成功文件夹中的照片可能很少，但是经过多次积累后，成功的照片会逐渐增加。并且随着时间的流逝，最初所谓成功的照片也可能变成失败的照片，那正是你摄影技巧进步的表现。可以对最初随意拍出的好照片进行重新拍摄，在这个过程中可以得到许多新的领悟，这正是摄影的乐趣所在。

即使最后不将照片冲洗出来，先在电脑里对其进行归类，分别放在成功与失败两个文件中，也能使你获益匪浅。

第5章

拓展摄影世界的镜头和配件

单反相机最大的特点就是镜头的可更换性。根据所使用的镜头不同，可以拍摄出截然不同的照片。如果你已经厌烦了标准镜头，可以试试新的镜头，也许就会对自己的相机再次爱不释手。

活用镜头的特点拍照

单反相机的特点就在于可根据拍摄场景的需要更换各种镜头。并且选择的镜头不同，拍摄范围及放大程度均会有所不同，本节将介绍其相关基础知识。

对镜头的焦距、变焦、定焦、微距等功能进行确认

根据焦距划分种类便于理解镜头的特性。焦距参数小的便是广角镜头，视野开阔。与之相反参数较大的就是长焦镜头，可将远处的物体放大进行拍摄。而当前流

行的变焦镜头则可连续改变焦距、画角进行拍摄，现今变焦倍率高的高倍变焦镜头的种类也有所增加。有些镜头在暗光环境中也能清晰地拍摄出拍摄目标，具有代表性的是定焦镜头，除此之外，这种镜头还擅长背景虚化的处理。另外，还有擅于处理近距离拍摄的微距镜头。镜头的可更换性大概也是使用单反相机的一大乐趣吧。

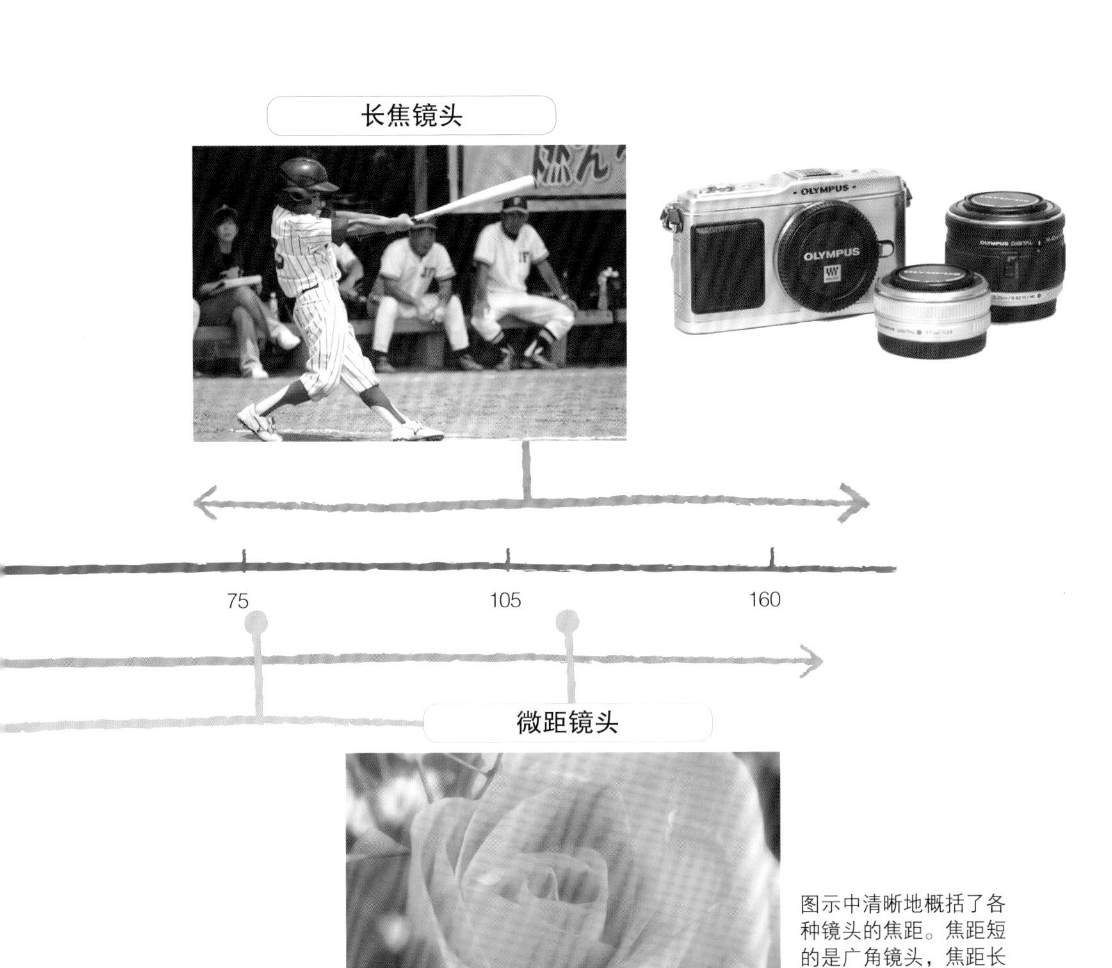

图示中清晰地概括了各种镜头的焦距。焦距短的是广角镜头，焦距长的是长焦镜头。当然也存在与图例不符的镜头，该图仅作为参考。

了解自己相机可以使用的镜头

不同的相机有着不同的镜头群。同一家相机厂商生产的镜头，除了少数镜头之外，大都可以通用。除了相机厂商之外，也可以选择第三方制造的镜头。

套机镜头和大光圈镜头

与相机配套的镜头被称为“套机镜头”。由于其与相机相匹配，多采用标准焦距镜头且价格低廉，被初学者广泛使用。但是，套机镜头的最大光圈以F3.5~5.6居多，算不上大光圈镜头。

如果需要在昏暗的场景中自如地拍摄或者需要虚化照片中的背景时，可以尝试使用“定焦镜头”，一般是F1.4~2.8的大光圈镜头。虽然没有变焦功能，但其低廉的价格也不失为优点。

套机镜头

图为与D5000配套的镜头“AF-S DX 18-55mm F3.5-5.6G VR”。最大光圈为F3.5~5.6。

定焦镜头

图为尼康的定焦镜头“AF-S DX 35mm F1.8G”。虽然不能变焦，但其最大光圈为F1.8，具有非常大的通光量。

非常实惠的副厂镜头

相机生产厂商以外的制造相对应镜头的厂商，我们称之为“副厂”，主要有适马、腾龙、图丽。购买镜头时，除了原厂镜头外，也可以选购副厂镜头。首先其特点就是价格相对低廉，同一性能的镜头，副厂镜头可能比原厂镜头便宜上千元。近几年，副厂镜头的性能也不逊色，这些第三方制造商往往比相机生产商更积极地开发着新型镜头。

适马
18–50mm F2.8 EX DC MACRO/HSM

拥有从广角到标准的全域视角与最大光圈F2.8的变焦镜头。可适用于适马、佳能、尼康、索尼、宾得。零售价为2900元。

腾龙
AF18–270mm F/3.5–6.3 Di II VC

变焦倍率高达15倍的高倍变焦镜头，并自带防抖功能。目前有佳能、尼康、索尼的型号。零售价为4600元。

腾龙
SP AF17–50mm F/2.8 XR Di II VC

大口径的标准变焦机头。具有全焦段恒定光圈F2.8及防抖功能。适用于佳能、尼康、索尼、宾得的单反相机。零售价为3600元。

图丽
AT–X 16.5–135 DX

16.5~135mm常用焦距的变焦镜头。适用于尼康与佳能相机。零售价为4300元。

可以实现最短对焦距离的特写摄影

当进行小物品近距离拍摄时，有时候无法实现对焦。这是因为各个镜头有着相应的最短拍摄距离。在这种情况时如果有微距镜头就能轻而易举地搞定。

有效对焦范围的限制

要将小物体拍大，就需要靠近被摄体，而靠近的距离，则是由镜头所决定的。这里所提到的距离指的是“最短摄影距离”，在镜头上都有明确标记，超过这个距离就无法完成对焦。所谓的最短摄影距离，即拍摄物体到感光元件之间的距离，而镜头到拍摄物体之间的距离被称为“最短工作距离”。

当然，能胜任此类近距离摄影的镜头，当属“微距镜头”。

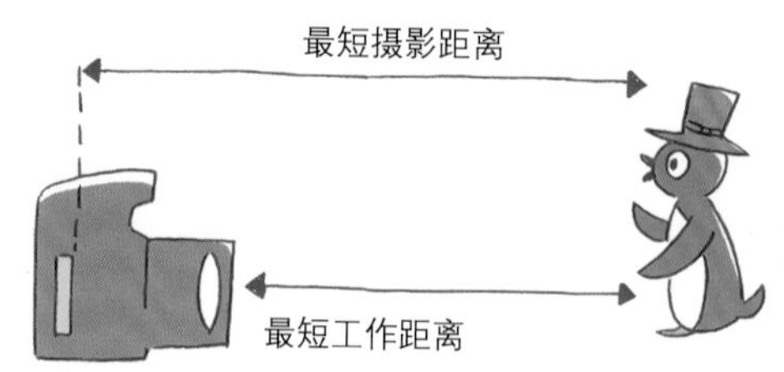

摄影时，与最短摄影距离相比，我们更需要注意表示与拍摄物体间的最短工作距离。将最短摄影距离减去镜头的长度，就可以得出大致的最短工作距离。

使用套机镜头拍摄

使用微距镜头拍摄

左图是使用套机镜头尽可能地接近物体而拍摄出的照片。右图则是使用微距镜头拍摄的照片。相较前者，后者能将物体以更大的倍率进行放大拍摄。

使用近摄镜靠近拍摄

微距镜头价格较为昂贵，预算不足的爱好者们可以尝试选择“近摄镜”。其使用方法与滤光镜一样，只要将其装在镜头前端就可以进行放大拍摄。近摄镜的价格根据镜头的直径而有所差异，从200元到1000元不等。

半身镜上标有“No.”的英文字样。其后面跟随的数值越大，放大倍率就越大。近摄镜可多枚重叠使用，只是随着放大倍率的增大，画面周围会逐渐出现扭曲的现象。

此外，装上半身镜后就无法对远处的物体进行对焦。所以每次使用完半身镜后要记得将其卸下保管，以备下次拍摄时使用。

半身镜

Kenko的“AC近摄镜No.3”。“AC”是由数个镜头组合而成的高端近摄镜。

使用套机镜头拍摄

装备半身镜拍摄

左图是使用套机镜头尽可能地接近物体而拍摄的照片。右图是在套机镜头的基础上装备近摄镜而拍摄的照片。虽然是套机镜头，使用近摄镜也能将物体放大到如此程度。

旅行时可以使用的“高倍变焦镜头”

套机镜头属于变焦镜头之一，比其拥有更高变焦倍率的镜头就是所谓的“高倍变焦镜头”。其表现力虽然逊于定焦镜头，但绝对是轻装旅行的必备佳品。

变焦镜头可以省去更换镜头的时间

我想很多人在购买单反相机的时候大都够买了套机镜头。这种套机镜头以35mm尺寸换算，多为28~88mm的变焦镜头，即其变焦倍率约为3.1倍。

现在已有高达10~15倍的高倍率变焦镜头。因其一个镜头可适用于多个场景，几乎涵盖所有焦距，是轻装旅行时的必备佳品。省去了换镜头的麻烦，这样就能专心拍摄或快门抓拍，在多沙尘的情况下也能出色发挥其效果。

唯一不足的是，由于重视变焦的高倍率，其画面的锐度等成像表现方面就逊色于其他镜头。

索尼
DT 18-250mm F3.5-6.3

左图为索尼适用的高倍变焦镜头。变焦倍率为14倍。适用索尼的α卡口。零售价为3600元。

适马
18-250mm F3.5-6.3 DC OS HSM

具有防抖功能、变焦倍率高达13.8倍的高倍变焦镜头。目前市售有使用于适马、佳能、尼康、宾得、索尼相机的型号。零售价为3800元。

面对风景时，往往会使用广角端拍摄场景广阔的画面。其实使用长焦端抓取局部的画面也是乐趣十足。这张照片就是用尼康相机装载适马AF18-270mm F/3.5-6.3 Di II VC拍摄而成的。以35mm尺寸换算其等效于405mm，可将极远处的物体放大并给予特写。

红色的晚霞与蓝天交相辉映，色彩绚丽。这是使用高倍变焦镜头的广角端18mm（等效27mm）拍摄而成的。通过表现天空色彩的渐变，表现一种宽广无边的情怀。

相机：尼康D90
镜头：AF-S DX VR 18-200mm F3.5-5.6G
焦距：18mm（等效27mm）
拍摄模式：快门优先AE（F8、1/2500秒）
感光度：ISO200
WB（白平衡）：自动

突出透视效果的“广角镜头”

广角镜头可以容纳大场景，在拍摄风景与室内整体时能发挥其特长。不仅如此，广角镜头独有的“变形”与“夸张立体感”能拍出具有富有生机的照片。

将宽广的风景收进一个画面中

所谓“广角镜头”，如同其字面意思一样，是能够拍摄广阔视野的镜头。因为单反相机的常用镜头按35mm尺寸换算后多为28~88mm，所以现在的广角镜头多指28mm以下的镜头。

同时，12~24mm等“超广角镜头”在与日俱增，普通的单反相机（APS-C）也正在实现20mm以下的广角拍摄。

广角镜头的魅力不仅仅在于其广阔的视野。例如，在使用广角镜头近距离拍摄时，物体的立体感会被极度夸张化，画面两端也会出现变形，给人种戏剧般的效果。就让我们熟练掌握广角镜头特有的“变形”与“夸张立体感”，来拍出一些戏剧效果的照片吧！

适马
10-20mm F4-5.6 EX DC/HSM

数码单反相机专用的广角变焦镜头，目前有适用于适马、佳能、尼康、索尼（不包括HSM）、宾得（不包括HSM）相机的型号。零售价为3900元。

奥林巴斯
ED9-18mm F4.0-5.6

对应单电相机专用的广角变焦镜头，具有等效18mm~36mm的视角。零售价为4000元。

活用立体感塑造戏剧风格

使用广角镜头在近距离拍摄时会突出画面的立体感，有时画面发生变形也不一定是件坏事。在表现事物戏剧性风格与夸张展现室内空间时，大多通过活用立体感来取得这种效果。一起来挖掘其中的乐趣吧！

渲染风景的开阔感

靠近黄色的木茼蒿从下面仰视拍摄。花朵周围的事物虽然出现了扭曲变形，但却极好地衬托出花朵的勃勃生机。湛蓝的天空也显得更加地唯美。

相机：奥林巴斯E-30
镜头：ED 9–18mm F4.0–5.6
焦距：9mm（等效18mm）
拍摄模式：光圈优先AE（F4、1/1600秒）
感光度：ISO200
WB（白平衡）：晴天

可以将远处物体放大的“长焦镜头”

长焦镜头是能将远处的事物放大的镜头。根据厂商不同，长焦镜头有时也作为相机的第二个套机镜头。长焦镜头是拍摄运动会与野生动物的利器。

可以在对方不知情的情况下进行远距离拍摄

将远处的物体放大特写的镜头即“长焦镜头”。最近除了固定焦距外，长焦镜头家族中还出现了许多可以变焦的新面孔。

尽管是长焦镜头，不同的拍摄物体需要匹配的焦距也不同。比如，人物肖像摄影的理想焦距为70~150mm，运动会摄影为50~300mm，职业足球赛等运动摄影通常在400mm以上（均按35mm尺寸换算）。

使用长焦镜头的乐趣在于其能在对方没有察觉的时候捕捉到最自然的表情，如拍摄在远处玩耍的孩子等。由于长焦镜头受抖动的影响较大，所以在机身没有防抖功能的情况下，推荐购买自带防抖功能的镜头。

尼康
AF-S VR ED 70-300mm F4.5-5.6G

搭载防抖功能的尼康专用长焦镜头。与D90或D3000配合使用，最远可达到等效450mm的长焦距离。零售价为3800元。

适马
APO 50-150mm F2.8 II EX DC HSM

轻量大口径的长焦镜头。拥有全焦段恒定F2.8的大光圈。有适用于适马、尼康、佳能、宾得、索尼的型号。零售价为5200元。

捕捉自然的表情

幼稚园到小学这个年龄段的儿童，如果近距离拍摄，孩子们往往会察觉到相机而摆弄造型。孩子们注视着相机的天真照片固然可爱，但自然的姿态也是童趣十足。所以为了使被摄体不觉察到相机的存在，推荐使用长焦镜头。

将远处的物体放大特写

在水族馆中拍摄海豚的情景。虽然拍摄位置是在后方的座位，但借助300mm（35mm换算则为600mm）的长焦镜头就能轻而易举地实现如同近距离拍摄般的效果。

相机：奥林巴斯E-420
镜头：ED 70-300mm F4.0-5.6
焦距：300mm（等效600mm）
拍摄模式：快门优先AE
曝光补偿：+1.0EV（F5.6，1/500秒）
感光度：ISO400

移动自身拍摄位置的“定焦镜头”

相信听说过“小痰盂”这个镜头别名的人不在少数吧！所谓小痰盂，指的是那些轻薄型的定焦镜头。有时也指那些大光圈、具有良好虚化效果的镜头。

大光圈、轻便的定焦镜头

最近，“定焦镜头”十分流行。不同于变焦镜头，定焦镜头的焦距是固定的。以35mm尺寸换算，处于35mm至75mm标准域的镜头通常就归类于定焦镜头。

定焦镜头具有轻便、通光量大、价格低廉的特点，极大地被使用在静物照片与快照中。而且光圈值多为1.4~2.8，通光量大，也能拍出背景极度虚化效果的照片。特别是50mm以上的镜头被广泛应用在虚化效果的人物摄影中。

此外，由于定焦镜头无法变焦，为了使拍摄物体能完美地进入取景框中，自己要来回移动才能完成摄影。而这也恰恰能促进摄影技术的进步。不管怎么说，摄影毕竟也是一门被誉为“脚上功夫”的艺术。

佳能 EF50mm F1.4 USM

左图为佳能的定焦镜头“EF50mm F1.4 USM”。虽然无法变焦，但其F1.4的光圈具有卓越的通光量。佳能APS-C系列相机按35mm尺寸换算可得到等效80mm的画面视角。零售价为2700元。

索尼 DT 50mm F1.8 SAM

低廉的价格是这款索尼镜头的卖点之一。索尼α系列（不包括α900）装备该镜头，可获得等效75mm的画面视角，最适合拍摄静物照片。零售价为1300元。

轻巧的身形，让你轻松享受旅行的乐趣

身形轻巧的单电相机将人们从负荷旅行中解放出来，轻松享受旅行拍摄的乐趣。因为定焦镜头无法变焦，所以在构图的时候就需要自己不停移动。但也正因为如此，我们能够从各种不同的角度观察同一个物体，旅途的回忆就更加鲜明地被保留在我们的记忆中。尝试只带着定焦镜头出游吧，体验一回别样的乐趣。

虚化背景以突出人物

将定焦镜头以最大光圈进行摄影。由于景深非常小，头发和手的局部被虚化，使画面整体更加细腻柔美。

相机：佳能 EOS 550D
镜头：EF50mm F1.8 II
焦距 50mm（等效80mm）
摄影模式：光圈优先AE
曝光补偿：+1.3EV（F1.8、1/800秒）
感光度：ISO100
WB（白平衡）：日光

将细小物体放大拍摄的“微距镜头”

微距镜头是能将小物体放大拍摄的镜头。其能够在近距离拍摄物体，而且“虚化”的感觉远胜于其他镜头。适用于花卉与杂货摄影。

不用最大光圈一样可以制造虚化效果

“微距镜头”是善于将小物体放大拍摄的镜头。对于微距镜头而言，最重要的参数是“摄影倍率”，即能将拍摄物体放大的程度。一般镜头的摄影倍率在“1:4”左右，而专业的微距镜头则为“1:1”，能轻松实现等比例拍摄。简单的说，就是1cm大小的被摄体，其投射在感光元件上的大小也是1cm。而自带微距功能的镜头（非微距镜头）的摄影倍率也多在“1:2”或“1:3”。

不同微距镜头的焦距限制也不相同。焦距长的镜头能将更远的物体放大成像，但在立体感方面则不尽人意，并且焦距长的微距镜头价格高昂，所以还是建议先入手焦距较短的微距镜头。

使用微距镜头拍摄时，应该在确认对焦位置后一气呵成地完成对焦。所以，有时采用手动对焦会更加便利。同时建议稍微缩小光圈以扩大对焦范围。

佳能
EF-S60mm F2.8 Macro USM

佳能适用的小型微距镜头，最短摄影距离仅20cm。建议零售价为3500元。

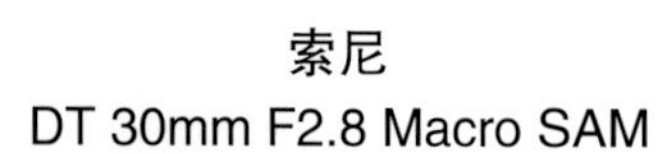

索尼
DT 30mm F2.8 Macro SAM

视角接近广角端，且极小型的索尼适用的微距镜头，最短摄影距离仅13cm。建议零售价为1800元。

摄影倍率的差异

1：4
1/4倍
0.25倍

1：2
1/2倍
0.5倍

1：1
1倍
等倍

上图均为最近对焦距离拍摄的照片。由图可知，摄影倍率越大，其放大效果越好。

将细小的物体放大特写

上图为沐浴着清晨露水的蜘蛛的巢。水珠在朝阳的柔光中闪着晶莹的光芒。不从巢的正面，而是从其侧面进行拍摄，增加其周围的虚化感。

相机：尼康D700
镜头：AF-S VR 微距 105mm F2.8G
焦距：105mm（等效156mm）
拍摄模式：光圈优先AE
曝光补偿：+0.7EV（F7.1、1/160秒）
感光度：ISO320
WB（白平衡）：晴天

通过配件拓展相机的使用乐趣

除了镜头外，还有众多配件能够使单反相机的使用更加便利。在这一节，我们就以挂绳为例。

挂绳

为了不使相机滑落，挂绳是必不可少的。挂绳原本是机身标配的，但是最近市场上也涌现出了包括斜挎用长挂绳在内的许多漂亮诱人的挂绳。

mi-na女子相机挂绳

①纽扣样式
②简约双色
③比利时式边带
④花边粉红
⑤嵌花边带
⑥咖啡色斑点
⑦水滴企业
⑧花绿色

以女性为对象的相机挂绳及相机包品牌“mi-na”陆续发布众多新品，主推嵌花边带与方格花纹款式。

相机挂绳斜挂带

双面皮革挂绳

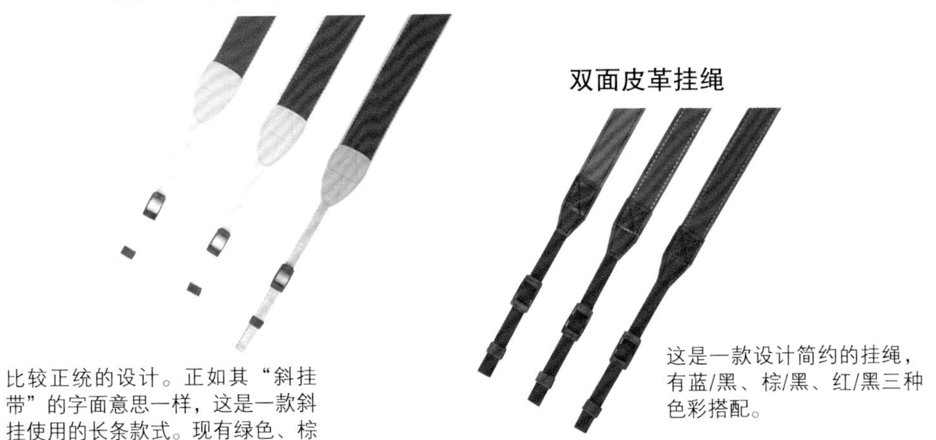

比较正统的设计。正如其“斜挂带”的字面意思一样，这是一款斜挂使用的长条款式。现有绿色、棕色、蓝色三色。

这是一款设计简约的挂绳，有蓝/黑、棕/黑、红/黑三种色彩搭配。

挂绳

色彩艳丽的彩色手提肩背双用挂绳。为减小挂绳伸缩性特意在布料中加入尼龙绳缝制而成。颜色有玫瑰色、青绿色、橄榄色。

双面挂绳

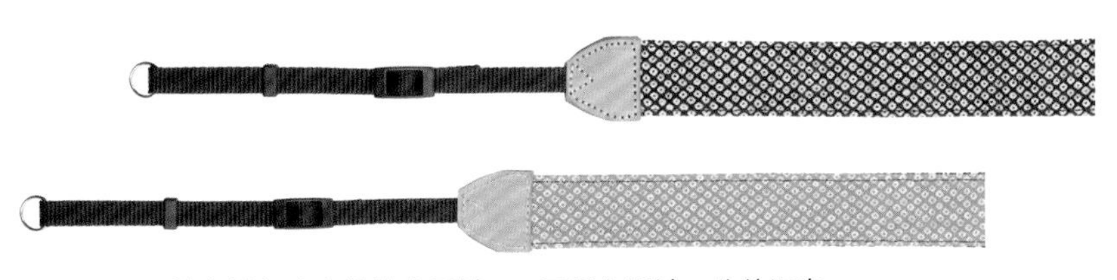

使用上等布料与牛皮革作为原料，双面异色设计。此外还有蜻蜓、鲨鱼皮花纹等款式。

相机包

一提到相机包，浮现到脑海中的往往都是外观单调、以性能为主的笨重相机包形象。而如今的相机包不仅能让你在街道上行走时免去损坏相机的担忧，更能让你与爱机透出一股时尚气息。此外，为日常使用的相机选择相机包时，也可以选择购买只用缓冲材料制作而成的内胆包。

DOMKE（杜马克）F-5XC

相机包界的超级名牌“DOMKE”，设计简约、结实耐用。F-5XC属于偏小型的相机包，除此之外还有其他许多种类。

Jill-e designs 西式红色皮包

“Jill-e”是专门为女性摄影师量身定制的一个品牌，产品均由女性来设计。设计感与实用性并重，种类样式繁多。

Mi-na女士碎花相机包

佳能入门级相机可以连同镜头一起收纳入内的一款相机包。外观时尚，实用性也很强。充足的保护材质能够很好地对相机进行保护。

mi-na单反相机保护袋

佳能、尼康入门级相机可以连同镜头一起收纳入内的相机包。同时，支持使用原来相机自带的挂带。独特的设计像是给相机穿上了一件漂亮的洋装，不像传统相机包那样单调乏味。

mi-na女士可爱相机包

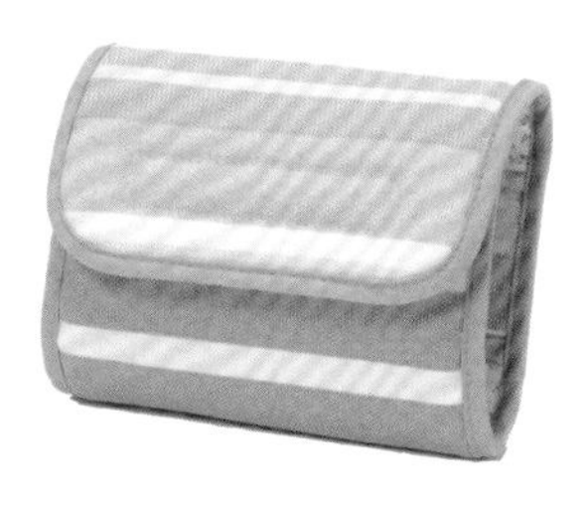

像化妆包一样可爱的设计，以亚麻布为面料。对应奥林巴斯PEN系列推出的单电专用相机包。

mi-na海军风单反相机包

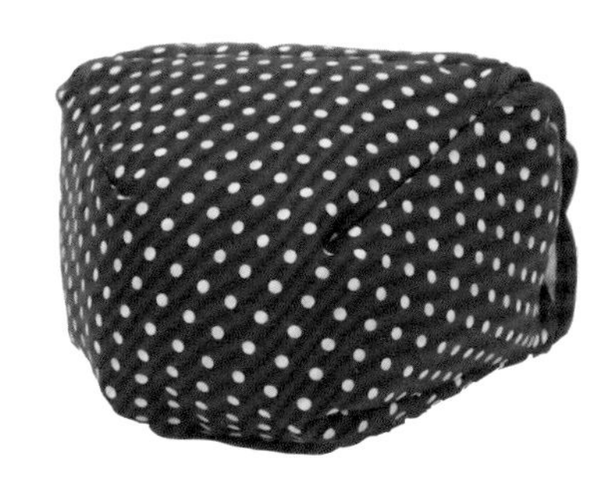

同样是一款直接套在相机外面的相机包，支持相机自带的挂带。内侧带有足够的缓冲垫，同时还附带辅助作用的橡胶把手。

其他配件

单电相机没有光学取景器，可以使用电子取景器代替。接合器可以转接不同卡口的镜头，现在能够使用接合器的镜头也在不断增多。此外，由于奥林巴斯PEN(E-PI/E-P2)没有内置闪光灯，所以如果需要在光线较弱的场景拍摄，建议选购一个简约型闪光灯会更加方便。

奥林巴斯电子取景器 VF-2

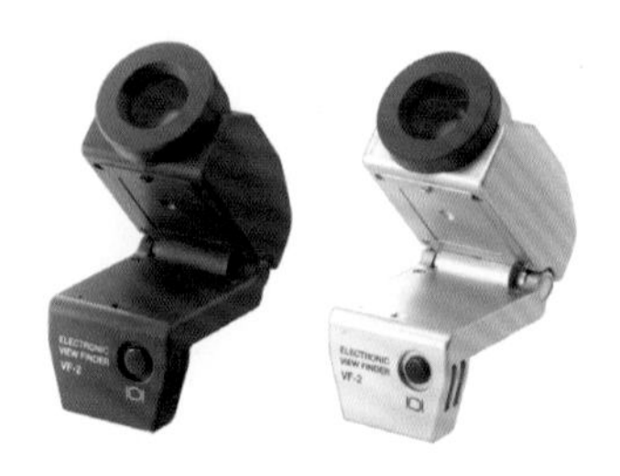

奥林巴斯（E-P2/E-PLI）适用的取景器。在周围光线强烈而无法看清监视器或使用长焦镜头时就能发挥出该取景器的威力。目前有与机身颜色相配的黑色和银色可选。

松下实时取景器DMW-LVFI

松下DMC-GFI使用的电子取景器。视野率为100%且可调节。配合拍摄角度，可实现0° ~90° 的调节。

奥林巴斯 单电相机接合器MMF-2

为单电相机转接其他卡口的镜头而开发的接合器。松下也有类似的产品（DMW-MA）上市。

奥林巴斯电子闪光灯FL-14

与奥林巴斯E-PI配套的简约型闪光灯，仅重84g（不含电池）。虽然其小型轻量，但却拥有不俗的发光量。使用两节7号电池供电即可。

滤镜、特效镜片

滤镜通常是装载于镜头前端进行使用的。从保护镜头的UV镜到可以改变照片效果的特效滤镜，种类十分丰富。并且，如果滤镜的尺寸与镜头不匹配，是没有办法使用的。在购买之前请确认好自己镜头的口径。

肯高 PROID AC 近摄镜

外形看似滤镜，其实是与镜头配合使用的近摄镜。该款近摄镜拥有众多型号。如装载“No.3”型号时，将主镜头调至长焦端时可实现镜头到被摄体33cm的对焦。

肯高 PROID CIRCULAR PL SUPER SLIM偏振镜

偏振镜是一种消除反射影响、提高对比度的滤镜，是风光摄影的极佳伴侣。该款偏振镜是超薄高性能的PL滤镜。

肯高 PROID UV镜

UV镜是保护镜头的滤镜，能防患于未然。在镜头前装上一个UV镜可以对镜头起到保护作用。

图书在版编目（CIP）数据

数码单反摄影全攻略. 摄影技巧基础 / 日本温迪编著；李盛译. —沈阳：辽宁科学技术出版社，2012.6
ISBN 978-7-5381-7416-8

Ⅰ. ①数… Ⅱ. ①日… ②李… Ⅲ. ①数字照相机：单镜头反光照相机—摄影技术 Ⅳ. ①TS86②J41

中国版本图书馆CIP数据核字（2012）第067765号

策划制作： 北京书锦缘咨询有限公司(www.booklink.com.cn)
总 策 划： 陈 庆
策　　划： 李 伟
设计制作： 季传亮

出版发行： 辽宁科学技术出版社
(地址：沈阳市和平区十一纬路29号　邮编：110003)
印 刷 者： 北京瑞禾彩色印刷有限公司
经 销 者： 各地新华书店
幅面尺寸： 160mm×230mm
印　　张： 10
字　　数： 58千字
出版时间： 2012年6月第1版
印刷时间： 2012年6月第1次印刷
责任编辑： 卢山秀　谨　严
责任校对： 合　力

书　　号： ISBN 978-7-5381-7416-8
定　　价： 38.00元

联系电话：024-23284376
邮购热线：024-23284502
E-mail: lnkjc@126.com
http: //www.lnkj.com.cn
本书网址：www.lnkj.cn/uri.sh/7416